大是文化

成交的細節

拿大單與丟大單，
只差這一步，
王牌業務的銷售聖經。

年訂單破億的金牌銷售、
就職於日本荏原機械、德國西門子、
中國工業銷售聯盟創辦人
倪建偉——著

CONTENTS

第 4 章

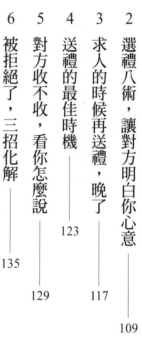

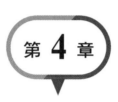

第5章

最高明的說服——攻心

推薦序

魔鬼藏在細節裡，天使跟著口碑來

鉑澈行銷顧問策略長／劉奕酉

如果你是業務或銷售人員，可能曾遭遇過這樣的困境：

- 與客戶初次會面，要如何留下良好的第一印象，避免失禮和尷尬？
- 銷售的過程中該如何回應與反駁客戶的問題？哪一些技巧可以影響對方的決策？
- 參與重要的客戶飯局，怎麼挑選菜式？如何透過交談以增進感情及信任？

這些困境都是銷售過程中需要注意的細節，這些小地方不僅體現出彼此的相互尊重，也會影響個人與企業形象。信任贏得買賣、細節決定成交，卓越的商務銷售，既要展現尊重和禮貌，也要表現出專業和自信，才能獲得對方的信任與合作機會。

回想這二十多年來的工作經驗，我看過許多關於商務銷售、談判和會議的書籍，但對於商務禮儀和銷售應對的細節，除了前輩的耳提面命，以及自己摸索出來的經驗法則之外，少有完整講授此課題的書籍或課程，即使有也不夠深入，往往流於表面。

因此在閱讀這本《成交的細節》時，我格外驚喜，一方面是因為內容涵蓋了細微的商務禮儀和銷售技巧，同時也運用大量故事增加可讀性，讓讀者更容易理解和記憶；另一方面是作者的觀點獨到，不僅提到常規做法，也分享了個人的心法和訣竅。

作者倪建偉，曾在世界五百強企業擔任銷售總經理，因此本書集結他二十多年的銷售經驗，彙整出三十四個提高成交率的方法。全書分成五個面向，從銷售實務的底層邏輯、商務禮儀的基礎、禮物社交的眉角、學會用飯局招待搞定人，到攻心說服術。只要掌握以上五個面向的技巧與原則，就能提高銷售率和成交率，並從競爭激烈的市場中脫穎而出，成為卓越的銷售人員。

「魔鬼藏在細節裡，天使跟著口碑來。」這句話是總結我二十多年來的經驗談，無論是銷售我的想法、產品還是服務，道理都是相同的：信任來自於細節的累積，而細節也決定了成交與否。

當你能獲得客戶的信任與認可，爆量成交便是理所當然的結果。

前言
爆量成交的行為密碼

每次見客戶前，你有沒有苦惱過應該穿什麼？拿到顧客的電話號碼，或者加了微信，下一步應該如何互動，讓對方更喜歡你？

初次見面，如何自我介紹、遞名片，才能瞬間抓住對方的心？請顧客來參觀公司，怎麼接待才算禮數周全？宴請賓客，如何用一頓飯撬動一張大單？安排專車接送，如何讓他感覺被充分尊重，心滿意足，還想跟你繼續合作？

你會發現，這些都是在跟顧客拿訂單的過程中，非常細小的事，但是我們每天要花費很多時間考慮，因為**正是這些看似不起眼的細節，決定了成交勝敗**。

我在二〇一二年銷售新能源車的電池管理系統（Battery Management System，簡稱BMS），那時，我們公司在業界排名第二，第一名是廣州的一家廠商。他們的董事長和技術顧問，畢業於北方的一所名校，新能源車領域的很多專家都是從這所大學畢業。顧客因為他們的理論權威，大都喜歡買他們的產品，所以不管其他公司怎麼做，他們的商品依舊非常暢銷。假如這家公司的市占率能達到六〇%，我們可能連三〇%都不到。因為差距太大，我曾一度認為，沒有五年、八年，根本無法超越這家競爭對手，沒想到事情突然有了轉機。

二〇一二年底，有一個新能源車業的高峰論壇。在開會期間，主辦方舉辦一場晚宴，我和廣州這家電池管理系統的業務都被邀請，並安排在同一張餐桌上。

有一句話說：「無酒不成宴。」既然是晚宴，肯定要喝酒。吃飯期間，其他幾間廠商的人站起來敬酒，其中一個是我們的大客戶——河南省一家央企的電池生產工廠，我們的電池管理系統產品就是賣給這家工廠。

這位大客戶主動站起來向我們敬酒，這是對我們的重視，我們心領神會，很快喝了，但是，當他向廣州那間廠商的銷售總監敬酒時，發生了一個很有意思的插曲。

這位銷售總監看有顧客來敬酒，趕緊端著酒杯站起來，問：「你是哪個單位的？」一聽說是河南某某企業，他特別開心，覺得表現的機會到了，就拚命拉關係，跟對方說個不停，還提：「我們跟你們都做了七、八年生意了，跟你們的張總、王總、李總都很熟……。」侃侃而談幾分鐘，越聊越熱絡，完全忘記要敬酒，直接把酒杯放下，而且到最後也沒想起來對方是過來敬酒的。

我們都知道，在商務場合，敬酒敬的是尊重，如果我敬你，你不喝，說明你看不起我，不給我面子，在公眾場合不給別人面子，就是赤裸裸的羞辱，這件事就嚴重了，因為越是有頭有臉的人，越在意別人是否給他面子。

接下來的晚宴，看得出這位客戶不高興，但他也沒有說什麼。宴席結束後，他回到飯店，連夜寫了兩封信。

第一封信是寫給自己公司內部的所有員工，要求他們向客戶推薦BMS時，一律不准再推薦廣州這家公司的產品；第二封則是寫給我們，我們公司在同業排名第二，他在信中邀請我們下週去他們公司開技術交流會，論證我們的產品能否匹配他們的電池。

幸運的是，透過交流會論證，我們的產品非常適合，於是會後第二天，就簽訂了三年採購七千萬元[1]的架構協議[2]。即便如此，這位客戶餘怒未消，在整個電池行業宣揚廣州這家公司如何目中無人、不講禮儀、不懂規矩等，很快的，業內所有人都知道了這件事。

一件好事，費盡心力也難以傳播出去，一件壞事卻可以在瞬間讓從前所有努力功虧一簣。短時間內，廣州這家公司丟失掉大部分客戶，而我們，坐收漁翁之利，在該事件發生的第二年，我們公司就兵不血刃的成為市場第一。

千里之堤，潰於蟻穴。股神華倫·巴菲特（Warren Buffett）說過，建立**良好的職業聲譽，可能需要二十年，而毀掉它，幾分鐘就夠了**。同樣，建立良好的印象很難，但破壞它只需要一個不經意的、小小的行為。

在職場也一樣，你會發現，凡是涉及晉升，我們除了需要會做事，更要會處理人際關係。我們所說的「會做人」，其實更多的是有禮有節，把關係處理好。不懂禮，別說是職場新人，就是混跡職場多年的老手，想要升職加薪，也會舉步維艱。

該怎麼處理？無非是懂人心，懂得審時度勢，讓自己在適合的位置做正確的事。**禮儀是一個得人心的法寶，它能讓你看場合、角色，知道如何做好自己**。

既然禮儀這麼重要，為什麼很多人還是不懂？原因有兩點。

第一，是沒有系統學習的管道。你會發現，沒有一所學校有專門針對商務禮儀的課程。父母對此也不是很了解，不能指望他們言傳身教。

當你在職場遇到困惑、摔了一跤，職場前輩不一定有很管用的經驗可以傳授，所以只能靠自己不斷觀察、模仿，在犯錯和吃虧中學習和進步。但每個人的過程不一樣，有些人可能不小心吃大虧、犯大錯，造成嚴重損失，所以對這方面極其在意；有的人可能小錯小虧不斷，卻沒有能讓他銘記於心，於是到現在還沒有改正。但是，如果一個小洞不填補，長此以往，就可能變成大洞。

第二，是對商務禮儀有很深的誤解。很多人對商務禮儀的認識只停留在站、坐、行走等方面的標準規範，以為有規矩，就是懂禮儀，實際上那只是一部分，並不是全部。

禮儀不僅表現為握手禮、介紹禮、行進禮、招待禮等，更是一種與人相處的

---

1. 本書若無特別標示，皆為人民幣，全書人民幣兌新臺幣之匯率，皆以臺灣銀行在二〇二四年三月公告之均價四．三八元為準，約新臺幣三億元。
2. 指簽署正式協議前所擬訂的大綱，僅先定架構及目標，具體內容日後再協商。

學問，是對一件事情的分寸和度量的把握。禮儀核心是看場合、關係、角色，做好自己。你只有洞察人性、識人心，才能知分寸，並更好的做事、做人，贏得別人喜歡，成就自己。所以**本書不是教你怎麼做有規矩的人，而是要告訴你，怎麼成為一個得人心的人**。

本書從商務形象管理：初次見面，如何提升好感，怎麼靠穿著打扮塑造魅力形象，並在儀容、氣質上得到客戶認可。商務拜訪：第一次碰面，如何在四十五秒內抓住對方的心；用一張小名片，敲開機會的門；如何透過介紹抬高身價。商務接待到溝通：如何利用電話或微信維護關係，讓客戶喜歡和你聊天，以及怎麼快速有效的說服對方。商務宴請：飯局如何開場，怎麼活躍氣氛，敬酒、勸酒和拒酒細節。禮物社交：選禮攻略、送禮錦囊、高價值話術、關係維護等方面，分享我的銷售實戰經驗。

本書內容詳盡，把你在工作、生活當中可能沒留意到的細節掰開揉碎，一次讓你全吸收。很多時候，恰恰是這些細節，會以另一種方式成就你。希望每位業務都能在細節中獲利，成為得人心的銷售高手。

第 1 章

重視客戶的每一個接觸點

1 接待客戶的全旅程圖

你是如何購買人生中的第一部手機？

當我決定買手機時，我就開始搜索、了解各款的規格、價格等，並一一比對。在過程中，我發現某一款手機正好符合我的需求，於是我特地去家裡附近的手機專賣店看實體，還沒進入店內，就被大張的手機海報，和簡潔卻有特點的店鋪門面吸引，給我很好的第一印象。

接待我的銷售員穿著套裝，態度熱情友善，聽了我的需求後，他推薦的款式和我想買的是同一款。於是，我當場就買下這款手機。使用後也很滿意，後來每次更換手機時，我都選擇這個系列的款式。

從我開始萌生要買手機的想法，到購買的這一段過程，就是一個完整的消費之旅，而銷售方在潛在客戶的消費旅程中，與對方接觸的每一個點，都比競爭對手表現得更優秀、更完美，讓顧客有非凡、美好的體驗，才能真正促成成交、留住客戶。而銷售方在任何一個環節有失誤，讓對方有了不好的體驗，都可能給自己和企業帶來莫大損失。

現在的中國河北正定一帶，在春秋戰國時期，有一個小國，叫中山國。有一天，中山國的國君請大臣吃飯。酒過三巡，廚房端出了一大鍋羊肉羹。中山國地處苦寒之地，在秋冬之際吃一碗羊肉羹，是一件很難得的事，所以，群臣都眼巴巴的望著那鍋羊肉羹。看到這個情形，國君立刻下令，讓僕人把羊肉羹分到大臣們的碗裡。不過，由於人數太多，羊肉羹太少，輪到一個叫司馬子期的大夫時，羊肉羹已經沒了。

司馬子期頓時覺得大失顏面，認為國君是有意在大庭廣眾之下讓他難堪。但司馬子期當時沒說什麼，只是默默離去。

不久，憤怒的司馬子期叛逃到了楚國，用自己的三寸不爛之舌，說服楚王進攻中山國。楚王早就看中山國不順眼，聽了他的話，馬上把中山國的國君當成虐待臣子的暴君，將自己包裝成替天行道的正義之士，打著弔民伐罪的旗號，派軍攻打中山國。

中山國國君丟了王位，只能出逃外國，四海為家。這時，他才明白亡國之因是一碗羊肉羹。一個無意的過失，傷了司馬子期的心，使得他心生怨恨，埋下了中山國亡國的種子。

所以，不僅外交無小事，接待也同樣無小事。無論在哪個行業，商務款待的重要性不言而喻。有的時候，我們會因為貼心周到的服務，談成一筆生意；有的時候，也會因為過程中的疏忽，而弄丟一筆訂單。道理人人都懂，但接待工作事情繁瑣，眾口難調，又怎麼能讓客戶都滿意？

在體驗為王的新經濟時代，當下的接待工作，早已不是簡單的待客和服務，也不是塑造產品和企業品牌形象，而是要搶先在每一個環節中，盡可能帶給顧客個人化、有特色、差異化的美好體驗，力求透過每一個完美細節贏得對方的心。

現在的消費者越來越重視接待方是否能帶來高價值的感受，而不是簡單聆聽產品介紹或體驗服務，所以，為了讓客戶在眾多競爭者裡選擇我方，我們一定要在每一個環節上做到盡善盡美，留下最好的體驗。

銷售部門一定要依據對方公司的利益和個人利益，制定出「客戶接待全旅程圖」，再依據此圖，呈現我方獨具特色的服務與完善的細節準備，從而形成「忠實客戶」，建立長久的合作關係。

制定客戶接待全旅程圖，首先需要確定一個或多個想要繪製的環節，再場景化。每一個場景都基於全旅程圖設計，服務細節詳細到每一步可能會發生什麼，使場景流動起來。透過設計每個場景中的服務細節，可以拓展顧客體驗的廣度和深度，最終讓顧客享受最完美、最棒、點對點的全旅程服務。

下面以一個標準的客戶接待全旅程為例，具體過程為：提交接待申請↓確定級別↓聯繫接待單位↓安排人員↓安排接機（接車）↓安頓住宿↓考察公司、工廠、銷售中心↓經營者接見↓安排餐飲↓參觀景點↓機場（車站）送行和贈送禮品↓接待資料歸檔並電話回訪。

第一步：提交接待申請。

由業務人員向公司提交申請表，申請予以接待。在表單中，一般需註明客戶單位、人數、男女分別幾人，來訪時間、目的，客戶聯絡人及其電話、陪同人員，是否需要接機、接機時間，是否需要會議室、會議室配備，哪位高層接見，是否需要安排參觀或食宿、食宿標準，是否走訪景點、具體哪些地方，是否贈送禮品、禮品標準，需不需要送機、規畫送機車輛等，表單盡量詳細、清晰，落實到具體的執行人、負責人。

第二步：確定接待級別。

根據前來參觀的顧客級別，給予不同的接待標準，原則上可分為A、B、C三個級別。A級為VIP客戶，B級為關鍵顧客，C級為普通客戶及自己找上門的散客。

對不同級別的賓客，安排相應級別的接待人員和標準。如果是對方公司的總經理帶隊考察，總經理屬於A級客戶，我方也會規畫總經理率隊與客戶會見交談，並預訂五星級飯店住宿和接機花束迎接，全程陪伴；如果是B級，則由部門主管會面交流，食宿標準可酌情調整，比如改為四星級飯店和機場接機服務。不論等級高低，我們一律熱情真誠相待，但從管理學角度考慮，我們必須分清輕重緩急，根據要事優先的原則去規畫。

確定客戶的接待標準後，我們還需要提前做功課、了解客戶，這點可以由申請人和接待人員共同完成。我們要知道來訪者當地的風土人情、人文歷史、禮節要求及主要賓客的職位、個人喜好、背景、企業資訊等，這些訊息都是雙方能良好溝通的前提。

第三步、第四步：聯繫接待單位和安排人員。

此環節沒有特別需要注意的事項，接待人員提前通知和確定好負責人即可。

第五步：安排接機（接車）。

如果接待人員不能提前到達，是待客不周、準備倉促的表現，很可能讓對方誤會他不被重視和尊重，有損我方的企業形象，所以接待人員應至少提前十至二十分鐘抵達迎賓地點（機場、車站、客戶落腳點等）。

接待人員要考慮到塞車等突發狀況，提前出發，寧早毋晚。對於高級別賓客，接機時不要忘記購買花束，還需要提前製作紅色的歡迎布條，給予最高尊崇感和隆重的禮遇。

第六步：住宿。

客人抵達後不宜馬上安排活動，要先給對方緩解旅途奔波的勞累，這也是貼心周到的表現。賓客到達後應先熱情問候，並在車內向對方介紹我方人員及公司情況，然後徵詢客戶意見，了解他們的計畫，並接送到預訂的飯店休息。

第七步：考察公司、工廠、銷售中心。

這是其中比較重要的環節，對方是特地為此而來，所以接待人員一定要事前策劃好要留下什麼印象和體驗。如果客戶到工廠考察，誰陪同？考察哪個工廠的什麼內容？應該呈現什麼狀態和環境？遇到提問該怎麼回答？這些都要充分的事前準備和安排，尤其是廁所、牆角等容易藏汙納垢的地方，要提前清理乾淨，才能確保考察活動萬無一失。

第八步：高層接見。

一般應該先把來客介紹給高層，但如果對方身分較高，最好先向賓客介紹我方高層。引見後，除非主管要你留下，否則應退出辦公室。

若高層一時無法接見，你必須主動招待，以免使其覺得被冷落。如果客戶提前來訪，請其在接待室稍做等候也合情合理，接待室平常要準備一些報章雜誌，最好備有介紹公司機構、歷史、宗旨和業務範圍等宣傳刊物，供訪客閱讀。

第九步：安排餐飲。

根據客戶級別及相關要求，預訂一、兩家宴請地點，請相關主管做最終確認，並按要求布置，提前放置好酒水、香菸，若紅酒需要醒酒，要事先告知服務生，確認餐廳的光線、溫度等是否舒適，掌握客戶口味，並依此調整料理，需特別注意對方的民族、宗教信仰，餐飲避開對方禁食的菜餚、酒水等。宴請標準按照接待規格執行，注重體現當地特色。具體點菜方法和席間的溝通方式，於第四章有更詳細的介紹，在此不再贅述。

第十步：參觀景點。

此環節主要看對方意願，提前確認有無想要參觀景點，以及參觀何處。如果沒有特殊要求，我們可依據當地知名景點來規畫，並請專人專車事先做好準備，確保行程令對方滿意。

第十一步：機場（車站）送行和贈送禮品。

俗話說：「善始善終。」接待人一定要在賓客回程時，規畫車輛送行，若是遠方來的客戶，最好贈送禮品，至於種類和層級，按照公司的客戶標準選擇即可。這樣才不至於在最後關頭留下不好的印象。

第十二步：接待資料歸檔並電話回訪。

送別顧客後，接待負責人應立即把工作中發生的點滴，包括客戶提出的意見和態度記錄下來，回饋給相關業務人員，有利於業務人員知道接待水準及回饋，便於策劃下一步。同時，接待負責人應對本次工作回顧、總結，並存檔。在顧客返回其駐地三天內，主要接待人員應電話回訪一次，加深對方的印象，建立長期關係。

商務接待大致由上述十二個環節組成，接待方一定要掌控好顧客在旅程中的各個環節。**商務接待不僅要標準化、有制度，更重要的是細節化**，接待人員的一言一行都要能滿足客戶需求、衝擊感知、帶來驚喜，讓他們獲得最佳感受，甚至讓他們產生無以回報的愧疚感，這才是當下新經濟時代所需要的待客服務。

客戶的信任永遠來自於我們為他所做的點點滴滴。好的款待是打開顧客心門、提升公司價值的重要投資，應該做好每一個細節，讓對方體會到我們的專業和熱情，以及合作意願。

顧客帶著期望而來，帶著滿意而歸，相對於其他友商，若更滿意我們的接待、更有收穫，對方勢必優先選擇和我們合作，採購我們的產品或服務。

注重細微之處，讓對方有一個舒服、愉快、物超所值的體驗，客戶就會成為我們的忠實客戶，不斷回購，這是我們商務接待的追求和目標！

2 挖掘對方的隱性需求

前段時間有個世界五百強企業請我去培訓，他們想要解決一個問題：為什麼顧客總是不滿意我方接待，並影響到後續合作，很難簽約？

上海某公司經相關部門牽線，與某外商初步達成合作意向，欲共同投資、合作經營。於是，該公司邀請外商來上海考察，並洽談具體合作方案，公司高層將任務交給主管全權負責，主管將為期三天的接待任務做了如下安排：

第一天上午，王祕書開車去機場接回兩位外商，並安排到市內一家五星級飯店入住。中午，公司全體高層出席歡迎會。下午，接待人員帶領外商參觀市容，重點參觀上海的浦東新區。晚上，再次舉行盛宴。

第二天，帶領外商去蘇州遊覽，共有五人陪同。

第三天上午，由高層和翻譯組成五人小組，與外商洽談合作方案，因時間有限，沒有涉及具體事項，只簽訂初步合作協定，高層表示擇日再邀請外商前來洽談。中午，公司全體高層出席歡送宴會。下午，王祕書開車送外商去機場。

該公司邀請外商的目的是考察專案，並洽談具體合作方案，但該行程最後的結果卻只達成初步協定，可以說這次接待非常失敗。

具體敗在哪？敗在只重視流程，並不了解客戶的真正需求和想要達成的目的。俗話說：「知己知彼，百戰不殆。」外商是有目的的來上海考察，並不是來旅遊，但該公司的接待方式過於隆重、耗時，前兩天竟然規畫去遊山玩水，最後一天才安排工作交流。

對外商來說，公司沒預留時間讓他們視察公司內部，致使他們對運營狀況一無所知，自然不敢做出決策，所以，第三天的洽談自然無法涉及實際內容，只好草草簽訂一個合作聲明了事。這就是沒有考慮顧客需求和目的，一廂情願安排接待行程的結果。

大部分業務可能都有接待經驗，顧客可能滿意，也可能不滿意。如果不滿意，無非是兩個原因：第一，流程和表現不夠明確，無形中得罪客戶；另一個是業務沒有明確的回應和滿足客戶需求。

人的需求分為顯性需求和隱性需求。一般而言，顧客對產品的品牌、功能、價格、外觀、品質、口碑，以及操作是否方便、售後服務及不及時、供貨期能否得到滿足等需求，叫顯性需求；顧客想透過採購獲得同事對其專業度的認可，想把工作做好，讓主管覺得他是一個可造之才，並獲得主管的賞識和提拔，將生意介紹給自己的親戚朋友，想利用工作的便利獲得一些茶水費等，這些不方便說出口的需求，叫隱性需求。

不成功的接待，一般不會區分是哪種需求，且只善於捕捉顯性需求，不懂得挖掘隱性需求，並將其引導轉變為顯性需求，於是顧客沒有得到滿足，就會抱怨接待人員做得不夠好，從而去尋找新的合作方。對接待方而言，沒有滿足隱性需求，相當於放棄了一部分可以挖掘和成交的潛在客戶。特別是在大客戶銷售、高單價的產品銷售中，不少客人具備隱性需求。**接待人員挖掘和滿足隱性需求是銷**

售的起點，也是接待的重心，如果能找出並轉為顯性需求加以滿足，就能為後期簽單提供保障。

顧客需求一般從小期望、不滿、問題等開始，透過引導轉變為清晰的期待，不滿、問題，最後變為願望、需求或行動的迫切企圖。這裡舉一個老太太買李子的經典故事。

一天早晨，老太太來到菜市場，遇到第一個賣水果的攤販，店家問她：「妳要不要買一些水果？」老太太說：「你有什麼水果？」攤販說：「我有李子、桃子、蘋果、香蕉，妳要買哪一種？」老太太告訴他：「我想買李子。」店家趕忙介紹：「這些李子又紅又甜又大，特別好吃。」老太太仔細一看，果然如此，但她搖搖頭，沒有買，走了。

老太太沒有回家，繼續在市場逛。遇到第二個攤販，同樣問老太太要買什麼，老太太說想買李子。

小販接著問：「妳要買什麼李子？」老太太說要買酸李子。小販很好奇，又問：「別人都買又甜又大的李子，妳為什麼要買酸的？」老太太回：「我媳婦懷孕了，想吃酸的。」小販馬上說：「老太太，妳對媳婦真好！那妳知不知道孕婦最需要什麼營養？」老太太說不知道。

小販告訴她：「其實孕婦最需要維生素，因為胎兒發育，需要母親提供大量維生素。所以光吃酸的還不夠，水果中，奇異果含有豐富的維生素，所以妳要經常買奇異果！這樣才能確保妳的媳婦生出一個漂亮又健康的寶寶。」

老太太一聽很高興，馬上買了一斤奇異果。當老太太要離開的時候，攤販說：「我天天在這裡擺攤，每天進的水果都是最新鮮的，下次就來我這裡買，還能給妳優惠。」從此以後，老太太每次都向他買水果。

在這個故事中，我們可以看到，第一家攤販急於推銷產品，根本沒有詢問顧客需求，認為自己的產品多而齊全，結果什麼也沒賣出去。第二個店家是銷售專家，這個典型讓客戶滿意的接待過程，主要分為四步：

第一步，先探尋客戶的基本需求，即顯性需求。

第二步，透過提問，挖掘背後的動機，即隱性需求。

第三步，提高客戶解決需求的迫切程度。

第四步，拋出解決方案，引導成交。

這四步方法，在銷售界，我們稱之為滿足需求四步法。比如，一個患者到醫院看醫生。

醫生：「有什麼症狀？」（詢問顯性需求）

病人：「肺會痛！」

醫生：「平時抽菸、喝酒嗎？」

病人：「偶爾喝一點……。」

醫生：「會不會呼吸困難？吐氣時會不會痛？有濃痰？」（提問隱性需求）

病人：「是！」

醫生：「如果用國產中成藥[1]，價格比較便宜，但效果慢，之前有人吃了一兩個月還沒好，而且有惡化的風險，你能接受嗎？」（提高客戶解決需求的迫切程度）

---

1. 指用現代製劑方法所製成的中藥產品。

病人有點害怕：「這怎麼辦？有能迅速治好的嗎？」

醫生：「國產的藥效都比較慢，進口藥效果較好，能快速根治，但價格稍微貴一點。」（拋出解決方案，引導客戶成交）

病人：「只要效果好，貴一點沒關係！」

於是病人在醫生的滿足需求四步法下，買了價格偏高，但效果更好的藥。

如果顧客對我們的產品很感興趣，在我們的勸說下同意來公司實地察看，我們可以用滿足需求四步法挖掘並滿足隱性需求，最終成交。具體這樣執行：

接待方：「李科長，嫂子和小孩和你一起出門旅遊的次數多嗎？」

客戶：「不多，我工作太忙了，小孩子課業也重，很少能出去旅遊。」

接待方：「那嫂子和小孩來過我們廈門鼓浪嶼嗎？」

客戶：「沒有。」

接待方：「太可惜了，鼓浪嶼不僅被評為中國最美的五大城區之一，還被聯合國列入《世界遺產名錄》，是一個非常好玩的地方，沒來看看真的蠻可惜的。」

客戶：「是啊，鼓浪嶼確實全國有名。」

接待方：「要不這樣，李科長，我幫他們買週五到週日往返的票，這樣你出差談公事，嫂子和小孩也可以跟著你看看廈門鼓浪嶼，一家三口，其樂融融。」

客戶：「這樣不太好吧？」

接待方：「沒關係，我現在還有其他事情，你等一下把買機票要用的資料傳給我吧。」

這個案例中，接待方不僅滿足了客戶的隱性需求，還提供了溢出價值，超出顧客期望，提供更多對方想要的東西。如果競爭對手做不到，或者做不了這麼多，而我們提供了比競爭對手更多、更大的利益，客戶就會選擇我們，與我們談生意！

第 2 章

這些事等客戶教，學費很貴

1 初次見面，怎麼贏得好感？

在前文中，我們分析了銷售的接待密碼，了解接待流程和可能引起顧客不滿的內在因素。接下來，我將透過一系列的實際案例和方法，告訴你在那種場景下應該怎麼應對。

首先是初次見面。每一個銷售人員都想在第一次見面時贏得好感，往後再談合作才會相對容易。

二〇一九年，我在協助碧桂園房地產做銷售培訓時，一位房產顧問和我們分享了她遇到的一個案例。

有一天，一位衣衫破舊、腳穿一雙拖鞋（拖鞋上還裂了一圈）的中年女性，手上提著一個有缺口的塑膠桶，慢慢走進接待中心。她可能沒來過這樣的地方，一直左右打量，看起來有些緊張。

無論是穿著還是神情，這位女性看起來不像買得起房子的人，所以房產顧問沒有人願意接待。這位顧問一看無人行動，就端了一杯水過去。

接過水杯，這位女士的神情緩和下來。起初聊天時，她始終不願意多說，但是這位顧問相當有耐心，慢慢引導她。等到雙方熟悉之後，這位顧問才知道，這位女客戶和丈夫在重慶做裝修業務，兩人一直都在外地，眼看重慶的房價一天天上漲，他們也意識到是該買間房子了，再加上想接小孩過來讀書，所以特地休息幾天看房。她聽說這家碧桂園位在好學區裡，慕名來看學區房。看完後，雙方很快簽訂協議，預交訂金，在正式簽約時，顧問大吃一驚，這對夫妻居然一次付清全額。

她說：「我以前來過兩次，也穿雙拖鞋，提個桶，你們的工作人員都不是很熱情。但房子確實在我看中的學區，價位也在我的預算之中，所以我又來了第三次，沒想到妳對我很友善，也很有耐心分析房子的好壞，我很感動，所以直接全額買了！」顧問打量了她一眼，開玩笑的說：「您這樣的穿著才是真正的老闆，不是都說，廣東的土豪都是穿著拖鞋和短褲嗎，您這是典型的土豪形象啊！」

一次熱情款待，或許就能擄獲對方，一句溫暖的話，可能會讓對方下定決心成交。日常工作中，客戶往往都見過很多業務，越是大客戶，打過交道的銷售人員越多，對於對方的能力和產品也越了解。這些大客戶見多識廣，尋常的舉動，肯定無法激起他們對我們的特別好感，要怎樣才能留下好印象，並為未來合作打下基礎？可以從外表魅力、相似性、恭維和高價值四個方向調整。

第一，外表魅力。有句話說：「顏值即正義。」優越的外貌，自然讓人喜歡。有人會問，自己長得不好看，也不是討喜的面相，怎麼辦？有兩種方法，第一種是正向加分法，就是把你能做到的，發揮到極致。

雖然你改變不了長相，但是你可以調整態度、表情和穿著打扮，比如時刻微笑，舉止真誠自然，與對方主動握手並態度熱情，增加幾分幽默感等。另一種是負面調整法，把不好的、可能引起對方不適的點去掉，比如，選一身看起來得體並適合自己風格的衣服，顏色不要太花俏，款式也不能太另類，整理一個清爽的髮型，坐姿、站姿、走姿端莊自然等。

第二，相似性。如果細心觀察，你會發現能讓你產生好印象、相處融洽的人，都是能和你保持同個頻率的人——溝通方式和氣場，讓彼此感受到足夠的親和感和相似性。具體如何構建？有一個最核心的技巧——找出共同點，再模仿。

你可以模仿客戶的肢體語言，比如坐姿、手勢、頭部動作或表情。如果對方坐姿比較隨意，你就可以適當放鬆；如果對方喜歡用一些手勢去輔助表達，你在溝通時，也可以借助手勢，還能模仿顧客的語調、語氣，讓對方快速卸下防備。在情緒上有所共鳴，比如對方語速較慢，就跟著放慢自己的節奏，他就會覺得你沒有攻擊性，還很好相處，更容易打從心裡親近你。

當然，我們也可以在拜訪客戶之前，或者在初次見面的談話過程中，找一些共同點或者相同經歷。藝人楊超越之所以受歡迎，是因為在比賽中，比起那些唱跳俱佳又努力勤奮的天賦型選手，楊超越表現得更像大多數普通人，有時會想偷懶，在比賽中沒表現好會大哭一場……所以，對有相似之處的人，人們更容易產生好感。在很多勵志故事中，一個成功人士願意給一個年輕人機會，都會說一句：「這個人，很像年輕時候的我。」所以銷售員想帶給對方好感，便要善用相似性。

第三，恭維。你去朋友家做客時，看到客廳掛著一幅色彩明豔的山水畫，你情不自禁的說了一句：「這幅畫真不錯，誰買的？真是好眼力！這幅畫替客廳增添了幾分藝術美感。」你會發現，也許你只是不經意說了一句，但是朋友的心情立刻變開心，也很欣慰，覺得你是知音，懂得欣賞，自然會親近你許多。

曾有研究人員透過實驗證實，比起就事論事，帶有稱讚意味的對話，往往更容易讓人喜歡上對方，所以可以多善用恭維的話，提升客戶對自己的好印象。

銷售員在與客戶寒暄之後，可以讚嘆一番接待室的裝潢，也可以談一下桌上、地上或者窗臺上的花卉、盆景如何獨特新穎，顏色亮度或者搭配如何得當，甚至還可以對它們的擺放位置，用「恰到好處、錯落有致」等詞來形容一番。只要有心觀察，會發現有很多細節可以稱讚。

另外，如果在進入客戶的辦公室前，有其他人來接待，你也可以謝謝他們周到熱情的引導。因為**對任何一個主管來說，當自己的部屬被稱讚時，其實也是在誇他帶人有方**，對方會非常高興，而在場的接待人員，也會對你心懷感激，並在日後接觸中主動幫你。

第四，高價值。不同於日常生活，職場、商場上，沒有永遠的友誼，只有永遠的利益。做生意，亙古不變的是追求自己心目中的好處。

對方的利益即我方的價值，所以，職場、商場中的好感，更多是來自對方覺得你有價值、你能為我所用。在第一次與客戶碰面時，你要抬高自己的身價，想辦法一出場就鎮住對方。

在社交場合，更多的是利益權衡，結交你，對我而言意味著什麼？結交我，對你而言有什麼意義？**只有當自己的實力能與他人勢均力敵，或是高於對方時，你在對方眼裡才是一個有價值、值得結交的人**。所以，在見顧客時，一定要保持自信，不能彎腰駝背，或讓公事包遮住身體。記住，權威使人崇拜，有自信會顯得有威嚴，你說的話自然就有分量！

在任何重要場合，我們都要充滿信心，步履堅定，昂首挺胸，笑容親切，平時盡量穿正裝出門，談吐盡可能專業。另外在身上留一個搶眼的地方，比如，我會戴一只十多萬元的名錶，彰顯你有成功的過去和現在。每個人都嚮往成功，客戶自然也願意和成功的你打交道。

綜上所述，良好的開始是成功的一半，如果陌生拜訪客戶時，能獲得對方的好感，便是為雙方的信任奠定基礎。對方信賴我們，我們才能得到想要的一切，所以，想在初次見面就帶給對方好感，務必從外表魅力、相似性、恭維、高價值，四個方向去調整。

2 僅靠服裝，就能傳達想法

微軟（Microsoft）和國際商業機器公司（International Business Machines Corporation，簡稱ＩＢＭ）之間有一個流傳很久的故事。

一九八〇年八月，ＩＢＭ的幾個高層受命去西雅圖（Seattle）見微軟創辦人比爾．蓋茲（Bill Gates）。他們西裝革履、氣度不凡。但是在矽谷，工程師都穿得很隨意，比爾．蓋茲更是牛仔褲愛好者。見面當天，比爾．蓋茲身穿 POLO 衫搭配牛仔褲，ＩＢＭ的幾個高層都覺得自己被比爾．蓋茲輕視了，但談判還是得繼續。

到了第二天見面時，為了表達尊重和誠意，ＩＢＭ的高層脫掉昂貴的西裝，換上較寬鬆的長褲，搭配格子襯衫，但沒想到，比爾．蓋茲竟然換上了三件式西裝，還特意打了領帶。這一次見面，雙方心照不宣，讀懂了對方的誠意，整個氛圍變得非常融洽，談判也異常順利。

在商務場合，有時候你什麼都沒說，但是你的穿著打扮，就已經把你的想法傳達給對方了。衣服，不僅是包裝形象的利器，也是一種溝通方式。當你和不同職業的人打交道，如果你能用服裝巧妙傳達友好訊號，或者一言不發的表現出你的強勢、權威地位，你就多了一件影響他人的祕密武器。

之前有一項調查，很多企業在遴選新任經理時，會被問到一個問題：「如果有幾位專業、資歷、管理能力、人際關係各方面都實力相似的候選人，你最後會選擇哪一個？」企業的答案出乎意料：「看起來像主管的那一個。」

什麼叫看起來像？就是身上帶有能成為領導者、可以做出實績的特徵。但是在商務場合，人與人相處的時間很短，要怎麼讓別人覺得我們看起來像？巧借包裝來抬高形象。具體怎麼做？可以注意以下三點。

首先，用基本穿搭，抬高身價。

我們經常說，平時要把功夫下在可以加分的衣著上。我們並不是要一瞬間的驚豔，而是讓別人一眼看出你的穿搭有質感，對服裝有講究。

該如何利用基本款，放大自己的魅力？可以遵循TPO原則。TPO是英文時間（time）、地點（place）、場合（occasion）的縮寫。穿衣打扮時，三者協調才能穿出理想效果。

時間，主要是指季節，冬穿棉襖夏穿裙，便是典型的穿衣守則。隨著材質以及設計逐漸豐富，很多服裝都不再只是某一季的專屬，將輕薄的雪紡換成保暖的毛呢布料，裙子也能冬天穿。當然，與時間一致，也可以解釋為要符合某一時段的流行。

地點對穿搭的影響極為明顯，在辦公室的穿著，與在家的穿著就不能互換，同樣的，拜訪客戶的服裝，與約會裝扮也不能一樣。

女性在步入高樓林立的辦公大樓時，衣著必須整潔大方、俐落，巧克力般的深咖啡色沉穩幹練，又能打破黑白灰的單調，領口點綴小巧的蝴蝶結，融入女性特有的柔美與嫵媚，能緩和辦公室僵硬氛圍。男性在進入商場時，最好穿西裝，這可說是每個男人必備服飾，以便出席正式場合，但要記住以下事項：

1. 選擇不容易皺的材質，比如毛料混紡。
2. 買了新西裝後，第一件事是剪掉袖子上的標籤。
3. 口袋不要放很多東西，腰上也不要掛物品，要展現出西裝的質感。

除了時間和地點這些外在條件，不要忘了穿著打扮的目的，是展現自己的獨特氣質。你才是重點，所以無論在什麼時間、地點，你的穿著都要適合自己。個人的體型、膚色、年齡以及自身氣質等，同樣是選擇衣服時不可忽視的因素。所以，在選擇穿什麼之前，一定要先了解哪些服飾能充分展現自身魅力。

其次，遵循穿著得體原則，拉近與對方的心理距離。什麼叫得體？就是讓對方感覺舒服。如何才能讓對方感覺舒服？跟對方的穿衣風格一致。

就像前面提到的ＩＢＭ和比爾．蓋茲，為了向對方表達誠意和尊重，他們改變了自己的穿衣風格。可能很多人會說：「我之前沒見過這個客戶，也沒來過這種場合，要怎麼預測對方會穿什麼？」

如果是商務場合，你可以了解這個場合大多數人都怎麼穿，或是你要見的人，以前出席這類場所時，大都穿什麼風格的衣服。比如在一個商務論壇，你想見的人之前都穿正裝出席，你就可以選擇正裝。

如果是在非正式的商務場合，比如辦公室，就根據不同行業、年齡、職位去分析。比如像政府部門、金融、法律、諮詢、飯店、公關等，穿著比較保守，若是去見這一類型的顧客，可選擇偏正式的服裝；如果是創意型產業，像廣告、設計、影視、新媒體、網路、遊戲等，這些工作較少和外界打交道，穿著往往比較輕鬆，也不會硬性規定員工服裝，所以我們可以穿著適當休閒一點。

最後，**養成好的穿著習慣，是業務的基本素養**。

很多業務習慣出門前照鏡子，這個習慣非常好，能及時檢查穿著和整體形象，注意到自己對外展示的每一個細節。這時需要注意什麼？

第一，可以留意一下髮型和服裝是否協調，衣服是否乾淨整潔、沒有皺褶。

我之前有一個學員，上課時不小心把咖啡灑在衣服上，自己也沒注意，上完課，他跟我打招呼：「色哥，我走了，等一下要見一個客戶。」我問他是否會先到飯店或回家整理一下，他說不用，一個大男人不需要在意細節。我指了指他身上的汙漬，他才明白過來，趕回去整理。

生活中有很多我們沒有留意到的細節，但恰恰是這些地方，會帶給客戶邋遢的壞印象。所以，每次見客戶、參加商務活動之前，務必檢查儀容，尤其是男性，不要因為自己平時不拘小節，就忘了小地方的重要。

第二，多給自己買一些適合商場上穿的衣服。**衣櫃中的服裝比例，一定是八〇%職場衣著，再加上二〇%的日常休閒穿搭**。很多顧客不是見一次就能拿下訂單，你每次見對方，穿搭上有些微不同，也會給人留下不同印象。不要等到準備出門時，才發現自己一件適合的衣服都沒有。

第三，銷售人員一定要注意自己的衣品，平時在服裝搭配多下一些功夫。因為你的穿著不僅代表了你個人，也代表了團隊、企業，如果你的穿著專業、得體，客戶會覺得，一個對衣品有講究的人，做事風格也一定不會差。亞洲人習慣以貌取人，這個貌並非完全指長相，它是由形象、氣質、穿搭等多方面組成。

當你將每一個細節都處理得當時，你的形象氣質自然會提升，你會變得更有自信，客戶也欣賞你，願意信任你，與你深交。所以，看完本書，如果你之前就很擅長服裝搭配，可以再好好審視一下，哪些地方還有提升空間；若是之前不太擅長，可以趁機多下點功夫，去學習一些穿搭技巧。

思想家巴爾塔沙．葛拉西安（Baltasar Gracián）曾說：「衣著，是靈魂的外殼。」有些人靈魂美麗，自然優雅，若再配上出色的衣著，便如錦上添花，魅力倍增。各位要透過自己的裝扮，打造魅力形象，從而吸引更多優質客戶。

3 三不一度，拿到大客戶

我之前有一個學員，是一家企業的業務總監，因為家裡和朋友有一些資源，在還沒當總監之前，自己有一些業績，所以公司幫他升職。

但當了總監之後，因為他的客戶只能支撐他個人的業績，他覺得自己帶團隊的能力不太夠，也不知道如何去拓展其他客源，所以找到我。我跟他面對面聊了半天，協助他發現許多問題後，跟他說：「你是業務總監，站在別人面前的時候能不能把背挺起來？你縮著肩膀，還有一點駝背，這些都是沒有自信的表現。有哪個客戶願意跟這種人打交道，並把重要單子交給你？你自己都不相信自己，別人又怎麼相信你！」

他聽我說完以後，立刻調整站姿，整個人看起來有精神多了。幾個月之後，他傳訊息給我：「倪老師，我上次聽完你的話，留意到我從未注意過的容貌舉止、站姿坐姿，以前不覺得有什麼問題，但是改善了以後，我發現自己的心態和做事風格都不一樣了。當我抬頭挺胸的瞬間，我就開始相信我能辦到。以前我心裡總會懷疑，我可以嗎？但是現在，我反而會想：我可以！我能辦到！最近幾個月，心態改變後，工作也順手不少，還有一個大客戶，馬上要簽約了，帶領團隊也漸漸得心應手。」這就是儀表和氣質對一個人的影響。

業務人員幾乎每天都在面對不同的人，形象對我們來說尤其重要。它不僅僅是長相、穿衣、髮型和妝容，更是一種綜合的休養，一種外貌與內在的結合，它定義你，並無聲的向別人講一個關於你的故事——你是誰，你的社會地位高低，生活品質如何，是否有發展前途。你的儀容是你的外在包裝，氣質是你的內在包裝。如何才能內外兼修，給人留下好印象，吃透印象分的紅利？

首先從外表說起，我建議三不原則＋一個度。

三不原則具體為：

第一，體毛不外露。比如腋下，女性如果穿會露出腋窩的服裝，就一定要剔腋毛，如果四肢汗毛較長、濃密，也要及時處理。我曾聽一個女主管說，她一直不喜歡對方的女業務，因為她在不經意抬手臂時，會露出黑黑的腋毛，導致後來每次見面時，她都會想到那個尷尬場景。

男性因為生理因素，毛髮天生比女性多，所以正式場合不宜裸露過多皮膚。之前聽過很多人抱怨，說同樣是在星級飯店，女性可以穿吊帶背心和拖鞋，男性為什麼就不能穿背心和夾腳拖？其實就是體毛不外露原則。男性如果穿背心和短褲，腋毛、腿毛都會暴露在大庭廣眾之下，形象不雅。如果像女性一樣剔除，又會失去男子氣概，所以在偏正式的商務場合，建議男性一定要穿長褲。

第二，體聲不外響。比如穿高跟鞋走路的聲音、手機鈴聲、咀嚼聲等。試想一下，我們走在別人的辦公室裡，高跟鞋一直叩叩叩；跟客戶面談時，手機鈴聲響不停，對方雖然嘴上不說，但心裡一定很不高興，所以記得將手機調成震動，如果鞋子容易發出響聲，走路一定要多加留意。

第三，體味不外傳。我們要時刻留意口腔和身體是否有異味。電視上經常看到口腔異味的廣告，一個人嘴巴裡有味道，連伴侶都無法接受，更何況是只有利益關係的人。

出門時可以嚼一粒口香糖；面談時，要適當保持禮貌的距離，也可以噴一點淡淡的香水，遮掩一下身上的味道。尤其是夏天，很多業務一整天都在外面跑，到客戶的辦公室時可能一身汗臭，一定要提前想辦法處理。

一個度，即皮膚的裸露尺度。女性業務尤其要注意。因為不同的職業、場合，對皮膚的裸露尺度要求不一樣。像金融、醫療、法律、公務員等職業，對男性的要求是頸部以下、上臂以上不露，只可露手、下臂、頭、頸；對女性則要求領口不低於頸部以下七公分，胸、肩、背不露，膝蓋以上十公分不露，這意味著女性站立時，西裝裙不短於膝蓋上方三公分，否則坐下後，大腿露出的部分，就會超過膝蓋十公分。

特別正式的商務場合，男性一般穿正裝，女性大都是裙裝，不可過於性感和裸露，一方面會影響專業形象，另一方面，也可能會給自己帶來麻煩。

美國前第一夫人希拉蕊（Hillary Clinton），就曾因裸露尺度飽受熱議。二〇〇七年，希拉蕊穿著粉色外套、黑色內衣，在參議院侃侃而談，批評高等教育學費過高，但是《華盛頓郵報》（*The Washington Post*）時尚版劈頭蓋臉痛斥了她一頓：「十八日下午C-SPAN2（國會電視臺）出現了乳溝——那是屬於希拉蕊的！」我們也要以此為戒，不要在面談時，讓客戶不知道該看哪裡。

接下來要說明內在修養——氣質。很多人可能學歷不太高，或是入行時較年輕，如何才能提升氣質、展現內在涵養？

第一，穩定身形，行為舉止得體。前面我和大家提到業務總監的例子，一個人駝背，看起來就沒有自信，也無法讓人信服，自信是一個人看起來有氣質的基礎。除此之外，還要穩。走路時穩一點、慢一點，才是大人物的走路方法，左顧右盼，會顯得很沒氣質。無論男女，要站有站相、坐有坐相，不要翹腳，雖然你坐著舒服，但在別人眼裡卻極為不雅。

第二，情緒不外露。一個合格的業務，不會隨便顯露情緒。不管遇到多大的挫折、壓力，面對多少次拒絕，都不要逢人便說你的遭遇，更不要一有機會就嘮叨不滿。遇到不同意見，我們可以求同存異，不辯駁，不試圖說服、改變對方，甚至對方給我們造成的小麻煩，如果沒有觸及原則，我們也可以抱以寬容之心。多一些體諒、理解，就能避免樹敵，減少失業的機率和人生中的阻力。當你表現得寬容大度，做事隱忍沉穩，氣質上自然跟別人不同，將會贏得更多人的認可與讚賞。

第三，多讀書，用知識凸顯氣質。有句話說：「最好的修為是經歷。」很多業務入行時間短、經歷少、見識少，只能多讀書、多學習，透過知識增加底蘊。我建議大家除了讀一些相關技巧、方法的書籍，也可以翻閱歷史和文學類型，歷史讓我們有深度，文學讓我們有涵養。

第四，熱情善良，形成人格魅力。一個有人格魅力的人，可以彌補其他方面的很多不足。電視劇《雞毛飛上天》裡，陳金水教小時候的陳江河做生意，最重要的一點就是要勤勞，能幫忙就幫忙，對別人熱心、熱情，他人才更喜歡你，願意和你往來。銷售也一樣，很多時候成功並非只靠實力，還有人際關係。

誰都喜歡主動對自己示好，並給予幫助的人。**一個面容和善的人，自然給人一種可信任感**，所以在與人相處時，要面帶笑容，這不僅是對自己的讚賞，更是給別人的禮物。你對他人微笑一下，別人可能會開心半天；你對別人惡言惡語，可能會讓對方鬱悶良久。所以，微笑對待生活和他人，自信且謙虛，不固執不偏執，成為一個受人喜歡的人。

以上是我給大家的建議和方法。很多業務會覺得不需要這麼在意小事，但**細節越多的地方，越要注意，因為你給人的印象、可能得到的機會都藏在裡面。**

4 開場四十五秒的初始效應

假設一個男生走在大街上，看到一個漂亮女生，就直接走上前問：「我一見到妳就喜歡妳，妳可以嫁給我嗎？」你猜，這個男生會得到什麼樣的答案？很明顯會被拒絕，女生可能還會覺得被騷擾了。

再假設你在路邊等公車，一位賣報紙的人走過來，對著人群高喊：「賣報紙！賣報紙！一元一份！」與此同時，另一位賣報人也走了過來，同樣高喊：「賣報紙！賣報紙！賓．拉登（Bin Laden）發表新談話，稱將發動大規模恐怖攻擊！中國足球再遭慘敗，主教練面臨下臺危機！最新預報，颱風明天登陸，中心風力可達十二級！」兩人都賣同份報紙，你會買哪一位的？顯然是後者，他的開場白極具吸引力，他利用人的好奇心，透過極具誘惑力的語言，成功吊起等公車人的胃口，激發了他們的興趣，業績自然比前一位的更好。

透過以上兩個例子，我們可以明白，**客戶是被吸引來的，不是死纏爛打逼來的**。色彩行銷學中有一個「七秒鐘色彩理論」，它是指面對琳琅滿目的商品，人們只需要七秒，就能確定是否對這些商品感興趣，在這關鍵的七秒內，色彩占六七％，成為決定人們對商品好惡的重要因素。

商品如何獲得關注，有此研究說明，若我們想獲取對方注意，是否也有類似的研究理論？美國心理學家洛欽斯（A.S.Lochins）提出初始效應（Primacy Effect），是指當一個人在初次見面時，給人留下良好印象，人們就願意和他接近；反之，第一次碰面就讓人反感，即使後來有交流，人們也會對他很冷淡，在極端情況下，甚至會在心理上和實際行為中有所反抗。

心理學研究發現，與一個人初次會面，四十五秒內就會定下對他人的第一印象，依據對方的性別、年齡、長相、表情、姿態、身材、衣著打扮等方面，從而判斷對方的內在素養和個性。這種先入為主的印象會影響到往後的一系列行為。

在現實生活中，初始效應常常影響人們對他人往後長期的評價和看法。偉大如孔子，也曾經被第一印象蒙蔽。

孔子有一名學生叫宰予，能言善道，給孔子留下很好的第一印象。但在後來的相處中，孔子漸漸發現宰予十分懶惰，學習態度也不好，白天不去聽課，反而在床上呼呼大睡。為此，孔子還罵他「朽木不可雕也」。

他還有一個弟子叫澹臺滅明。澹臺與宰予不同，他長得很醜，孔子第一眼看到並不喜歡他，認為他不會成才。但澹臺拜師後努力學習，為人處世十分正派，後來成為一位十分著名的學者，在他門下學習的有三百多人。澹臺滅明出色的才幹和賢良的品德廣為流傳，受到眾人追捧。孔子得知後，感慨的說：「我只憑著言辭去判斷一個人的品行，結果對宰予的判斷是錯的；我只憑著相貌判斷一個人的品德能力，結果對澹臺的判斷也是錯的。」

初始效應，在銷售界裡我們叫開場白，也叫客戶關係破冰，是寒暄的溝通階段。在這個階段，我們的目的是給對方好印象，激發客戶有興趣想進一步了解我們。做過業務的人都明白，拜訪陌生顧客時，開場白的好壞，很可能會奠定接下來的成敗。

無論是七秒鐘色彩理論，還是四十五秒內形成的初始效應，都揭示了一個道理：好的開始是成功的一半。我們拜訪陌生客戶，當然想一出場就獲得對方喜愛，留下美好深刻的印象，但是，要怎麼在短短的四十五秒內，抓住客戶的心？可以用SOLER原則和「六脈神劍」兩招。

社會心理學家艾根（G. Egan）在一九七七年研究發現，在人與人相遇之初，按照SOLER原則來表現自己，可以增加他人的接納性，在人們心中建立良好的觀感。SOLER是由五個英文單字的字首拼寫而成：

S（squarely），指面向對方，這樣能保證你們是兩個人在溝通，而不是一個人在單方面說。

O（open），意為採取開放姿態。不要預設觀點，比如「你這樣講就是要惹我生氣」，我們在溝通時，要盡量避免說這樣的話。

L（lean），指上半身略傾向對方，可以讓你表現得更加真摯。若是在跟小孩子溝通時，則可以改為半蹲或者單膝跪地。

E（eyes contact），意思是眼神接觸。這會讓雙方都投入到當下的談話中。

R（relax），則是指放鬆，不僅身體要放鬆，氛圍也要輕鬆，對方才不會有不安全感和緊迫感。

SOLER原則所代表的含義就是「我很尊重你，對你很有興趣，我的內心是接納你的，請隨意」。

初次拜訪客戶時，我們總要說些話來打破僵局，目的是將彼此的關係從陌生、不熟悉、不信任、尷尬，轉為愉悅、平等、真誠的交流，這個環節也叫破冰。開場白是行動方式，破冰是目的。想達到目的，可以用以下六種技巧，為了方便記憶，我們稱之為「六脈神劍」。

第一脈神劍：尋找共同點。

怎樣和陌生客戶拉近距離？找到共同語言。客戶的好惡、經歷、個性、興趣、語言、體型、信仰、生活方式、出生地等，只要與你有關，你都可以以此為開端，慢慢接近客戶。假如沒有，你也可以無中生有，這時需要利用一些善意的謊言。

在推銷理論中，有一種角色扮演，要求客戶是什麼樣的人，你就要是什麼樣的人，努力融入對方，就是接近他們的訣竅。比如，我經常詢問客戶：「聽你說話的口音，你似乎不是上海本地人？」客戶回：「我不是，我老家在湖南。」我說：「哦，湖南的啊，難怪一見到你就覺得特別親切，我大學最好的同學就是湖南人，那時他從老家帶了一大罐辣椒醬，兩三天就被我們給吃光了，太好吃了，對了……。」

找共同點時，最常用的方法就是攀關係，可攀親友、攀同鄉、攀校友、攀共同喜好等。每個人都會有自己的關係網，只要彼此留意，就能發現與對方有幾條交叉點，找到之後，就能迅速拉近關係。

菲律賓前總統柯拉蓉．艾奎諾（Corazon Aquino）訪問中國時，第一個目的地不是北京，而是沿著有中國血統的菲律賓人當年走過的路線，直奔祖籍福建省漳州市龍海區鴻漸村。在那裡，她拜訪叔叔，祭祀祖宗，與鄉親攀談。她深情的對鄉親們說，她來中國不僅是為了國事，也是為了個人家事，因為「自己不僅是菲律賓的總統，也是鴻漸村的女兒」。

女兒回娘家，娘家自然以百倍熱情相待。柯拉蓉．艾奎諾重返故里，為其成功訪問北京打下了感情基礎。

第二脈神劍：真誠請教法。

幾乎每個人都喜歡別人看到並讚美自己的長處。初次交談時，我們也應投其所好，以直接或間接的方式，指出對方的優點，並向他請教一番，讓對方高興，從而對你產生好感，進而激發對方的積極性。

有一次，我為了賣水泵浦，陌生拜訪某電力公司的總經理。剛見面，我便開口問：「張總，我看到您在《中國電力》上發表關於〈電力，企業如何節能減排〉的文章，裡面說，一座火力發電廠，僅僅冷卻系統就能節能二〇%，這是真的嗎？真的有那麼大的節能空間嗎？」我話音剛落，總經理就談興大發，賣水泵浦的事情當然不在話下，我還被熱情的邀請參訪他的五大電廠！

顧客身上有哪些亮點，你就可以請教哪方面的事情，比如對方身材好，就可以請教他：「張總，您那麼忙，應酬那麼多，身材還保養得這麼好，請問您平時如何規畫飲食？會做哪些運動？」

第三脈神劍：讚美法。

讚美是一門學問、藝術，用得不好，讓人反感，運用得當，會收到意想不到的效果。沒有人不願意聽奉承話，雖然人們常說討厭拍馬屁，但馬屁真的拍到自己身上，即使明知有所誇大，也會忍不住暗自高興。

讚美要有技巧、熱情，你要善於發現對方引以為榮的事，且立刻由衷讚嘆，引起對方談論回憶。當你的客戶和你談論往事時，他就是真的把你當朋友。你可以這麼誇：「我曾多次拜讀您的作品，從中學到了很多東西，可謂受益匪淺！沒想到今天竟能在這裡見到您，真是榮幸之至啊」、「『桂林山水甲天下』，我一直渴望去桂林一飽眼福，很高興能認識您這位桂林的朋友。」

讚美的話很多，但有六點小常識需要注意：了解對方，誇人才能有的放矢；女生喜歡別人評論她的穿衣風格有品味；猜年齡時盡量猜小一點；對客戶的孩子和寵物表示喜愛；誇獎對方的看法比別人更有見地；永遠不要和客戶沒大沒小，盡量稱呼職位，比如張總，千萬不要喚其全名。

第四脈神劍：服務法。

贈人玫瑰，手有餘香。第一次碰面，如果我們能做點什麼，提供一些服務，也是有效拉近關係的好方法，例如：「張工，今天天氣變冷的，我看樓下有賣熱咖啡，就買了一杯給你暖一暖。」

第五脈神劍：利益法。

每個人都關注自己的公司利益和個人利益，我們初次拜訪客戶時，可以把產品能帶給客戶的利益，用數字的方式展現出來，讓對方看到實際好處，比如：「張工，我們公司推出了一款新產品，運用新型水力模型技術，能節約三〇％的電費……您看，這是這款產品在某某企業現場的照片……。」

第六脈神劍：感謝破冰法。

和客戶碰面時，還可以感謝的方式作為開場白，例如：「張工您好，非常感謝您百忙之中給我會面的機會。我知道您工作繁忙，接下來我盡量長話短說，簡要介紹我們公司的產品。」這是一種很好的開場白。

當別人致謝時，通常能引起對方的自我肯定。其次，亞洲人都愛面子，你在給他戴上「事業有成、公務繁忙」的高帽子後，又加以真摯的感謝，已經給足了他面子。最後，人性本善，而拒絕是一種破壞感情的行為，人們在婉拒時，常常會找藉口為自己開脫，以免內疚，對於在工作時間找上門的你，客戶要回絕的最好理由就是「我正在忙」、「我沒有時間」，如果你一開始就用「我知道您很忙」，把這個藉口點破，客戶就不得不再找另一個藉口，在他思索時，你就爭取到了時間。

我們第一次與客戶會面時，可以用SOLER原則留下好印象，在隨後的七至四十五秒內，用六脈神劍法開場，以便破冰，從而抓住客戶的心。

5 名片有兩種，實質的與心理的

有句話說：「不想當將軍的士兵不是好士兵。」職場中，每一個員工都想得到主管賞識，獲得晉升機會，但你想被重用，前提是要讓主管知道你擅長什麼。

你要先在主管心裡留下一個印象，讓對方確信你有什麼技能或專長，待未來出現這方面的需求時，他能想到你，給你機會。也就是說，你想進入職場的快車道，就要學會在主管心中放一張心理名片，它會清晰的告訴對方，你的品行如何、擅長什麼、能做好什麼。

名片，是我們介紹自己是誰、職務是什麼的小卡片，上面印有姓名、地址、職位、電話號碼、信箱、部門等。我們主動遞給對方名片，是推銷自己的一種方式，這並不難，但是想透過遞交名片，在對方心裡留下深深烙印，就不簡單了。你的名片必須有特點，才能在對方心裡留下一張心理名片並記住你。

關於名片，清朝流傳著這樣一個故事。清朝道光年間，浙江鄞縣（今寧波市鄞州區）舉人徐時棟參加當地官員的宴會，得知有人曾用他的名片前往官署徇私說情，幸被識破。後來，許多名人都在名片背面註明「不作他用」字樣，以免被狡詐之徒利用。

名片雖小，但它包含了個人簡歷，也是身分象徵。**你可以從對方接過名片後的反應，觀察出對方是否看得起你，給不給你面子**。比如接過後，看都不看直接放在桌子上，很明顯是看不起你，也會讓你覺得很沒面子。既然名片關係到一個人的面子，那麼遞交和接收時就要小心，不然容易得罪人。

首先，名片一般會放在襯衫的左側口袋，或西裝內袋，最好不要放在褲子口袋。要習慣檢查名片夾內是否還有名片，以免在需要時才發現沒了。

其次，**主管在場時，要等主管先遞上名片後，才能換自己**。遞交時，手指併攏，大拇指輕夾名片右下角，便於對方接拿。接取時用雙手，拿到後可輕聲唸出對方的名字，讓對方確認，如果唸錯了，記得說「對不起」。

最後，收到的名片，可放置名片夾的上端夾內。若是同時交換，可以右手遞交，左手接收，不要摺弄對方的名片，也不要當場在上面寫備註。另外要注意，不要伸手向別人討要，必要時，應以請求的語氣詢問：「您方便的話，請給我一張名片，以便日後聯繫」等。遞交和接收方式，會影響對方的觀感，但只要做到以上幾點，在商務場合必不會失禮。

說完了有形的名片，我想跟你聊一聊，如何在客戶心中打造心理名片。

很多人都聽過「銷售就是賣自己」這類說法，但並不是真的出售自己，而是打造一張專屬、獨特、有價值，同時又能吸引、感召他人，得到他人認可，並進一步認同自己產品的心理名片。

一個國家有那麼多城市，一個城市想要被人記住，打造「城市名片」便是重要舉措。同樣的，對市場銷售人員來說，銷售產品的人那麼多，想讓客戶看到你、記住你，並與你合作，就必須打造一張個人心理名片，讓別人想起你時，能先記起你的基本特徵，比如你是販售水泵浦的，人品不錯，值得信任等。這些特徵就是你的職場名片，或者叫個人標籤。不管你贊不贊同，每一個人在別人心目中，都會有一個標籤，它會告訴別人：你是誰，你是做什麼的，為人如何。

一座城市為了凸顯自己的獨特性，會打造專屬城市名片，比如江西宜春的城市名片是「一座四季如春的城市」、西藏是「一場心靈之旅」、四川成都是「一座來了就不想離開的城市」、廣西南寧是「中國綠城」，廣西桂林則是「桂林山水甲天下」。

一家企業為了讓自己被消費者記住並引發購買行為，會打造專屬企業標籤，比如海爾集團（Haier）的「真誠到永遠」，格力電器（Gree）的「好空調，格力造」，雀巢咖啡（Nescafe）的「味道好極了」，農夫山泉的「農夫山泉有點甜」等，都是給客戶留下深刻印象的利器。

我們這些想在職場上出人頭地的年輕人，有沒有想過要在顧客心裡留下一張怎樣的心理名片，藉此吸引關注？如果沒有，現在開始打造它。因為經營個人心理名片，如同一家企業塑造企業形象，能以此推動自我發展，贏得更多機會。

如何才能成功塑造心理名片？我們只要堅持「新、奇、特」即可。

新是指獨特性，能給客戶新鮮感。世界上沒有兩片相同的葉子，每個人都是獨一無二，具備有別於他人的不同處，「這個世界上不是缺少美，而是缺少發現美的眼睛」，我們如果泯然眾人，表現得極為普通，那不能說明我們不夠特別，而是我們缺乏展現自己獨特性的方法。

雷鋒原本是一個普通戰士，但是他喜歡幫助他人，而且不求回報，因此有了「雷鋒精神」，於是，樂於助人就變成他的心理名片，每個人想到雷鋒，就會想到這是一個主動幫助他人、不求回報、值得信任的人。

今年八月，我拜訪了一位鑄造廠的董事長，在聊天時，他說，他做鑄造這一行已經三十年了，一直負責生產。於是，這位董事長在我的心裡，瞬間建立起「鑄造業老專家」的形象。

哪怕我是雙胞胎中的其中一個，我和我的兄弟姊妹必然會有細微不同。每個人都有屬於自己的基因排序，也有獨特的性格，關鍵是如何發掘並呈現給他人。如果能成功塑造，我們就有強勁的職場競爭力，因為它意味著我們更容易被客戶記住，也不可替代。

奇，是指稀有性，放大你的個人價值。俗話說：「物以稀為貴。」現代人常常想遠離城市的喧鬧，到山野田園待個幾天，為什麼？因為那種寂靜、無爭、自由的氛圍，在大城市中很稀有，反之亦然，你在鄉下待久了，也一定會想去大都市裡逛逛。

職場亦如是，個人名片的稀有性，直接決定了我們在客戶心目中的價值。假設一家公司的兩個人，一個是普通銷售人員，一個是銷售總監，兩個人同時去拜訪客戶，在對方心中，誰的價值更高一點？當然是銷售總監。

相對於一般銷售人員，銷售總監更珍貴，所以具備高價值，兩利相權取其重，顧客傾向於選擇職位更高的人。也因此，你的個人價值會得到增值和放大，所以，如果你擁有別人沒有的能力、特質、才華，而這些又都是對方所需要的資源或技能，你很快能脫穎而出，成為主管或合作夥伴倚重的人。

我們要特別用心挖掘自己的興趣和愛好。

首先，思考哪些是你獨有，而其他同事不具備的能力，同時觀察公司缺少哪些方面的人才，你可以在這方面投入大量時間和精力，提升特長，讓它成為你身上最亮眼的標籤、最強大的能力，這樣就形成心理名片。

比如，我以前在一家新能源企業任職，就曾認真分析同事們的優勢和劣勢，也判斷自己的機會在哪裡，和聰明的同事相比，我覺得執行力可能是我的特點，之後，我每次做事幾乎都是第一個行動。有一次總裁號召我們學習《矛盾論》，第二天我就把《矛盾論》用在銷售中的一些想法遞交給總裁。

類似事情不勝枚舉，時間久了，總裁的心裡就放了一張關於我的名片。有一次，總裁提拔我之後，他問我：「你知道你最大的優點是什麼嗎？」我回：「不知道。」總裁說：「是你的執行力。你的行動力是我們公司裡第一名。」

雖然我說不知道，但其實我明白，這個執行力、行動力，是我專門為自己找的競爭力。有時候我們在職場上的發展，並不會受限於我們最短的那一塊木板，而是取決於我們最長的那一塊木板。**把自己的長處發揮到極致，就可以彌補你的短處**。

特，則是指專業，具備某一方面專家的素質。我們要塑造自己的特長，也就是工作的專業度，成為某個領域的專家。

我們平時感冒發燒，去診所看看即可，但是稍微嚴重一點的疾病，我們一定要去找那個領域較有名氣的醫師，只有真正的專家診斷我們才會相信，這就是專業的價值。

成為專家沒有捷徑，需要一定的累積和學習，要認真工作、努力提升。根據一萬小時定律，如果你專心一志，差不多三年就可以成為專家。專家是相對比出來的，比方說，同樣在某一家公司做銷售，如果你每天晚上多花一小時去研究公司產品，一個月後，相對於其他同期，你就是一個專家。因為你付出的時間比他們多。

以上就是打造心理名片的方法，希望各位在職場中，既能亮出自己的實體名片，也能成功創造心理名片，讓自己成為最特別的那個人，抓住一切機會。

6 九十九%的人輸在自我介紹

假設你是一名普通的銷售人員，今天你帶著公司的銷售主管去拜訪客戶的採購主管。兩個部門主管第一次見面，首先要介紹彼此，問題來了，**你是先向客戶介紹自己公司的主管，還是先向主管介紹客戶？**

千萬別以為先介紹誰都無所謂。如果弄錯了順序，往往容易得罪人，別人會透過這個小細節，知道你是否懂社交禮儀，而且身分地位越高的人越重視。

如果雙方都是公司，在社交禮儀中，是先把地位低的一方，介紹給地位高的，再把地位高的介紹給另一方。我們是去拜訪別人公司，我們是客，肯定是客人先介紹自己是誰。

具體話術可以這樣說：「李經理，您好，向您介紹一下，這是我們公司的行銷總監陳總監，陳總監是清華大學畢業的。」除了簡要說明陳總監的職位，還著重強調是清華大學畢業，這是陳總監的人生顛峰時刻之一，呈現出其高價值。

在介紹完自己人之後，你要停頓一會，空出時間，讓你的主管去和客戶寒暄幾句，比如握手、表達感謝或問候等。

人際交往從介紹開始。在社交場合，介紹自己或他人是開啟社交之門的第一把鑰匙，也是彼此認識、建立聯繫必不可少的一種形式。

介紹的目的在於說明情況，大致分為兩種形式，一種是自我介紹，另一種是介紹他人，例如，由第三方出面為素不相識的雙方說明情況。

首先講自我介紹，**公式是：自我介紹＝問候＋公司或個人特色＋能帶給對方的利益＋證明**，具體如下：

1. 微笑且有禮貌的向對方問好，行為舉止大方得體，讓他人感受到你的友好和善。
2. 介紹公司或自己的獨特之處，內容盡量簡潔風趣，直接體現產品或個人能帶給對方的利益和價值。

3. 舉例說明。信任是商談的基礎和前提，所以自我介紹一定要能獲得客戶信任。俗話說：「耳聽為虛，眼見為實。」舉例有利於建立信賴關係。比如，「您好，我是上海長征公司的業務張三，今年我們公司研發了一款新產品，採用新型水力模型設計，和傳統產品相比，節能二〇％，所以專程來拜訪您，向您彙報……對了，你們行業第一的寶鋼集團在熱軋裡就用了我們這項產品。」說完，可以把準備好的產品說明書拿給客戶翻閱。

準備自我介紹時，要注意五大要點：

第一，介紹要看時機，根據時間、地點、場合而定。一般而言，對方比較專注，沒有外人在場，周圍環境很安靜，或者較為正式的場合，都是好時機。有預約拜訪的話，雙方一定會在見面之初時彼此介紹，但要是大家都在聚精會神的開會或聽報告，這種場合頂多點下頭、打個招呼就結束。如果我們不分場合隨意開口，便會影響會場秩序。

第二，順序。從地位低的人先自我介紹。另外，主人和客人，主人先介紹；

長輩和晚輩，晚輩先介紹；男士和女士，男士先介紹等。若是你的地位比對方高的話，也可先說，不一定要硬等人家講完再換自己，避免尷尬。

第三，最好有輔助工具和協助人員。輔助工具就是名片，它是介紹信，也是社交中的聯誼卡，因此，當你需要自我介紹時，特別是較為鄭重的場合，應該養成先把名片遞給對方的習慣，因為你的真實姓名、所在單位、職位頭銜等，上面印得一清二楚。如果可以，最好有協助人員替你介紹，這樣就可以達到事半功倍之效。

第四，控制**時間**。一般**應控制在三十秒到一分鐘**。

第五，整理好內容。**自我介紹主要包括以下四個基本要素：所屬單位、部門、職位、姓名**。介紹時應統整說出，在介紹單位、部門等第一次要用全名稱呼，第二次才可改用簡稱。

接下來，再談談如何為他人做介紹，專業講法又叫做「第三方介紹」，有兩大要點須注意：

第一，誰當介紹人。在一般活動中，介紹人主要有三類：專業人士，比如機關、企業的辦公室主任、經理祕書、公關人員等；二是窗口人員，比如，張三到某單位找李四，李四就是對接窗口，有義務向張三介紹其他相關人員；三是本單位地位、身分最高者，這個情況比較特殊，一般有貴賓來訪，應該由東道主一方職位最高者出面，禮儀上叫規格對等。

舉一個例子，假設我是銷售總監，到部屬的銷售三部去找三部部長談事情。我到了三部部長辦公室，發現正好有不認識的客人在，這時三部部長需不需要把客人介紹給我，或者把我介紹給客人？因為我的地位比較高，三部部長應主動將客人介紹給我。如果我的地位比三部部長低，他就沒必要這麼做。職場是不是很有趣？它是看身分做事。

第二，注意順序。通常分七種情況：長輩和晚輩，一般先把晚輩介紹給長輩；上級和下級，先把下級介紹給上級；主人和客人，先把主人介紹給客人；**職位低的和職位高的，先把職位低的介紹給職位高的**，這個最容易出錯；女士和男士，先把男士介紹給女士；已婚者和未婚者，先把未婚者介紹給已婚者；與會先來的和後到的，先介紹後到的給先來的。

如果先介紹方是多人，則根據地位，由高向低逐一介紹。

上面講的一些禮儀，通常應用在商務場合或較為正式的場合，如果是非正式聚會，便不必過於拘泥。若大家都是年輕人，可以用更自然、輕鬆的方式進行，甚至可以這樣說：「這位是張三，這位是李四。」但不管採取什麼形式，如果能點出被介紹人的優點或特色，無疑會讓對方很高興，比如，「這位是張三，別看長的一般，他可是我們市裡的高考狀元，我最佩服的人；這位是李四，他可是富二代，還沒結婚的女生一定要看過來啊！」

工作上吃飯會友、開會討論、拜訪客戶，免不了認識一些陌生面孔，當你需要認識別人，或別人想認識你時，你就需要介紹自己，具體怎麼做？誰來幫我介紹？先介紹誰，後介紹誰？什麼時機更恰當？都是必備常識，也反映出個人涵養，更是為人處世的基本素養。期待透過閱讀這部分內容，你能真正掌握住。

7 給客戶一個必須聯絡你的理由

業務小張問客戶：「李工，我們加個微信吧，這樣也方便工作上的交流。你有需要，我也能第一時間為你服務。」客戶說：「不用不用，我們公司規定不能給微信，有需要時，我再打給你。」說完就不再搭理小張。

微信是我們生活和工作中常用的通訊軟體之一，很多時候，銷售人員和客戶的溝通交流只能透過網路，而又以通訊軟體最為方便和常見，很多業務為了適應新的經濟環境，也在嘗試用微信銷售的形式，與顧客建立初步關係，及時交流，推進進度。

由於微信屬於個人隱私，想要到也不是一件容易的事，上面的案例裡，小張沒有拿到李工的微信，原因是小張沒有表現出自己有什麼價值，所以李工婉拒了小張的請求。

一般而言，索取客戶的聯繫方式，一定要讓對方有必須給你的理由，你可以從這三點去尋找：

第一，你能帶給對方的利益。在有好處的前提下，顧客自然願意給我們聯繫方式，意圖未來合作、獲得利益。比如，我知道有個化工廠需要大量煤炭，當我去拜訪某個煤礦客戶時，我便把這家化工廠需要大量煤炭的資訊，告訴煤礦的副礦長或其他工作人員，因為我能為他們介紹大客戶，所以我對他們而言具有價值，他們會樂意把微信告訴我。

第二，能協助解決麻煩。我因為工作，認識幾個做投資、融資的朋友，而我在拜訪一家安全防範系統產業的客戶時，恰好因公司發展需求，對方也想找融資機構介入，計畫借助資金，推動企業上市，了解到這件事，我馬上告訴對方，我剛好有幾個金融業的朋友，客戶立即要加我的微信，請我把朋友介紹給他。你看，當你能解決問題，對方便會主動加你。

第三，和客戶有共同愛好。如果銷售人員找到了與潛在客戶的共同點，他們就會喜歡你、信任你，並且購買你的商品。大量的事實證明，人們更願意與容易相處的人做生意，尤其是初次見面，我們以共同愛好為切入點，要來聯繫方式，更有助於私下溝通。

我在計畫拜訪一間房地產公司的董事長時，從朋友那裡知道，這個董事長每週六會去踢足球，於是我就在拜訪對方時，故意聊到我週六、日會固定去某某大學踢球，董事長雖然沒有表現出對此話題的關注，但在我會談完畢，和他要微信的時候，他直接讓我加了。他那麼爽快的就把微信給我，這裡面一定有我談到愛踢足球的原因。

現在，我們能用利益法、解決麻煩、共同愛好這三種方法，要到對方的通訊方式，接下來，要怎麼把剛剛認識的弱關係，發展成能合作的強關係？你要做好以下三點：

1. 注意微信禮儀。
2. 打造個人形象、人設。
3. 經常互動，透過單純曝光效應（Mere Exposure Effect）贏得對方好感。

我們先說一下微信禮儀，這是各位需要掌握的基本技能和素養。

第一，把握溝通方式。能打字就不用語音。文字一目瞭然、節省時間，我很少去聽語音，尤其很多人一次性傳很多，我基本不聽。和人溝通時，一定要考慮對方的處境，比如，對方正在辦公室工作或和客戶會談，你傳語音訊息，對方怎麼聽？

還要慎用視訊電話。如果必須語音通話或打視訊，應先徵求對方同意。把握交流尺度，與主管、同事溝通的標準，與熟悉人、陌生人溝通的尺度都需要格外注意。

第二，注意時間。及時回覆他人訊息。「己所不欲，勿施於人」，我們都希望傳出去的消息可以迅速得到回饋，同樣的，**及時回覆，也是職場中最重要的禮儀之一**。

切勿在私人時間打擾。早上八點前、晚上十點後屬於對方的私人時間，若無緊急事項，盡量不要打擾。如果實在需要溝通，一定要先致歉。

第三，注意溝通內容。內容精練，不要長篇大論，也應注意排版，內容要簡明扼要、條理清晰的傳達給對方，如需對方回饋資訊，應註明回饋時間及內容。

明確目的，降低溝通成本。傳訊息前要清楚自己的目的，比如傳一則通知訊息，結尾可以加上「收到請回覆」；請示時，結尾可以加上「請主管批示」；傳提醒，就是讓對方了解需不需要回覆。

要以對方為導向，職場上的微信溝通要方便對方，比如主管在外出差詢問在哪裡開會，回覆時應全面考慮，比如傳送地址，文字註明時間、地點、接待人聯繫方式等。

最忌諱的就是傳「嗯、哦、啊」這一類詞語，沒有實質效用，還顯得很敷衍，對方也不喜歡，便無法拉近關係。俗話說：「強扭的瓜不甜，強摘的花不香。」工作上的往來，要麼門當戶對，要麼彼此都有想要的資源，否則難以合作。所以，我們想加強與客戶的關係，還是必須在通訊軟體上塑造形象，給客戶一種，我們能提供他們想要的資源的感覺。

當你的權利受到侵犯，需要律師提供專業意見時，如果你的朋友中有律師的話，你一定會放低姿態，真誠的向對方說明你的情況，讓對方站在專業的角度幫你出謀劃策。所以，為了未來某種合作機會，你需要未雨綢繆，提前塑造你在某方面的專業形象，打造好專家人設，日後對方有這方面的需求時，便會主動找你諮詢。

打造人設很簡單，多傳與專業相關的重大資訊，最少每兩週發一則感恩訊息，說明你幫客戶解決了什麼問題，簽訂一筆多有意義的訂單，感謝客戶信任。這樣看到的人就知道你在做什麼，而且做得頗有一番成績。經常發一些公司的新聞，讓受眾了解你的產品和公司實力，日後一旦有需求，客戶就能想起你是做這行的，而且還很專業，於是找你諮詢。

可能有人會想：「如果靠顧客主動聯繫我談需求，商機太少了，想要抓住更多商機，就必須主動去找客戶，而不是等對方找上門。」我也贊同這個看法，所以透過微信這個弱關係，提升為強關係的第三步是：經常主動與顧客互動，利用單純曝光效應贏得對方好感。

單純曝光效應是二十世紀時，美國社會心理學家羅伯特．扎榮茨（Robert Zajonc）所進行的一系列心理實驗，證明只要讓受試者多次看到不熟悉的人，他們對該人的評價會高於他們沒看過的其他人。

簡單的說，只要你看到對方的次數夠多，就一定會對對方有好感。單純曝光效應也驗證了亞洲國家的傳統觀點——人與人之間是一回生，二回熟，見面三次是朋友。你利用單純曝光效應，多和對方有所交流，比如你加了採購的微信後，你可以沒事就向他請教問題，每次他回答你一個重要問題，你可以用微信發一個紅包給對方，表達感謝。因為對方解決你請教的問題，滿足他被認可的精神需要和得到紅包的利益需求，如此雙管齊下，對方便會深深牢記你，你問的問題，他也會傾力回答。這樣交流幾次，你們就會變成朋友，也為日後的合作鋪好了路。

我們都想成為別人的朋友或主管的親信，這從技巧上來說並不難。什麼叫親信？多親近一點就信了，所以，你一定要主動拉近關係。每一個人都喜歡對自己有好感的人，如果你持續向對方展現出你的誠意，有技巧的接近他，根據單純曝光效應，你也一定能獲得對方好感。

即使是通訊好友這種弱關係，只要注意禮儀、打造人設，並且利用單純曝光效應，有計畫的主動和客戶交流，三至五次之後，你們的關係就會從弱到強，前提是不要傳一些無意義的圖片、新聞等資訊。

8 接電話，別說「喂，你找誰？」

在商務接待中，有一個很多人都沒注意到的小地方，且經常在這上面犯錯，那就是接電話。我的第一份工作就是因為不懂電話禮儀而出包。

當時我在上海某間水泵浦公司做業務，其他人剛好外出。由於我第一天上班，主管安排我在辦公室學習，看公司的產品資料。期間，辦公室電話響了，我看辦公室除了我沒有其他人，就自作主張去接。

我按照以前在農村的習慣，很自然的說：「喂，你找誰啊？」電話那頭愣了一下，說找某某某，我說他不在，出去了，說完就掛掉電話。過了十分鐘，老闆喊我到他辦公室。一進去，他就說：「剛才那個找某某某的電話是不是你接的？」我說是。

老闆說：「你是一個業務，不知道接電話的規矩嗎？」我問：「接電話有什麼規矩？」老闆告訴我：「我們是一家公司，接電話也有規範，要給打來的人留下好印象。接電話時，不能說『喂，你找誰』，而是要在響三聲內接起來，第一句話要說：『你好，這裡是某某公司』，然後停頓一下，等對方說話。」

這是我在職場上的第一堂課：接電話也有規範，擁有好的電話禮儀，能體現一家公司的專業度和可信度。那一次之後，我特地請教了公司的禮儀顧問，也跟從業多年的老同事學習經驗，大概知道了接電話的注意事項。

電話已經成為工作上密不可分的溝通工具，它雖然不能像面對面那樣可以留下直觀印象，但它可以突破空間限制，讓人透過聲音、語調、語言等資訊想像對方的模樣，而這又常常成為雙方今後往來和信任的基礎。所以，作為一種只聞其聲，不見其人的溝通形式，電話是可以塑造形象的，我們稱之為電話形象。

打電話者應透過電話，讓對方感受到你的親切、熱情、禮貌，以贏得信任，從而對你或公司產生好感，具體可以透過語言、語調、態度、表情、舉止、時間感等塑造，其中最需要注意的是語言和語調。

首先，講話要清楚。如果說話含糊，對方會難以聽懂。其次，語調盡量沉穩，語調過高，聽起來會很刺耳，並帶給對方不安全感；但語調過低，聽起來又很費力、含糊不清，所以**最佳語調是聲音低沉有力，咬字清晰，再來是語速要慢**。講話速度應適當放慢，不然對方會聽不清楚，且語速快會給對方一種很緊張、很急迫的感覺，這樣不好。最後，語句要簡短。說出的話務必精練，不僅可以節省對方的時間，還能提高聲音的清晰度。

人們當面交談時，即使聲音不夠悅耳、言辭不夠典雅，也可以靠表情或動作彌補，但電話不一樣，只能靠語言、聲音判斷。所以，一定要注意態度友善、語氣溫和，講究禮貌。

想要利用聲音傳達資訊，以贏得對方信賴，我們可以把打電話分解成四步：打、接、通話、掛斷。

首先，如何打電話。在打給客戶之前，先準備一張白紙、一支筆，然後在紙上寫下三個問題：

1. 我打這通電話的目的是什麼？

2. 我要和對方溝通什麼事情，想要什麼結果？
3. 對方會是什麼態度，有什麼異議，我該如何應對？

把三個問題以及應對方法寫出來，我們就可以選擇一個適合的時機撥打出去。**商談工作的電話，最好選週一上午十點後，和週五下午距離下班前兩個小時**，為什麼？因為週五對方可能會提早下班，而週一大多數公司早上需要開會，員工辦公時間會推遲，也可能在會議中被主管批評，心情受影響，態度因此變差。我們得事先考慮如何應對這類情況。

其次，是如何接電話。業務是顧客了解企業的窗口，無論談吐還是行動，都代表公司，所以在接、打前，都應做好準備，預測一下接下來會發生的事。

第一，要有「對方能看見我」的心態，一定要面帶微笑，以愉悅的心情去接或打電話。銷售界常說，笑容是會傳染的。各位可以做個試驗，你走在街上對他人友善點頭微笑，看看別人會因為被打擾而生氣，還是也回以點頭微笑。由於表情會影響聲音，所以即便在打電話，也要面帶微笑，保持友善、愉悅的心情。即使對方看不見我們，也能從語氣中感受到，從而對我們產生好感。

第二，要意識到「我代表公司」。若我們打給某個單位，一接通就能聽到對方親切的招呼聲，心裡一定很開心，談話也能順利進行。在電話中，只要稍微注意一下言行，就會給對方帶來不同印象，比如，同樣說「你好，這裡是某某公司」，但聲音清脆悅耳、咬字清晰，更能讓人覺得態度良好。

再次，學會配合別人的談話。講話時，我們要盡量禮貌，可以用您好、請、謝謝、麻煩您等用詞，更重要的是，留意與對方的互動，學會配合，除了認真聽以外，還要不斷說幾句：「是，是的」、「好，好的」等，既表示自己有接收並理解，也是在積極回應對方。過程中，我們要盡可能恭敬站立，保持充沛的精力與對方通話，絕不能抽菸、喝茶、吃零食，因為懶散是能聽出來的。

另外要注意一些規範：

1. 迅速準確的接聽。

電話響兩聲就要接起來，不要拖太久。接起後第一句先說：「您好。」如果響超過四次，拿起電話後應先說：「對不起，讓您久等了。」這是一種禮貌，也可消除對方久等的不快。如果我們接起電話只說「喂」，既讓對方覺得我們很失禮，也會留下差評。

2. 了解來電目的。

上班時間打來的電話，幾乎與工作有關，每一通都十分重要，不可敷衍，即使對方要找的人不在，也要盡可能問清事由，如果我們無法處理，那就記錄下來，不耽誤事情，也能贏得對方好感。

3. 清楚記錄。

電話紀錄想記的整潔又完備，就要牢記「5W1H」技巧。5W1H，是指when（何時）、who（何人）、where（何地）、what（何事）、why（為什麼）、how（如何進行）。這些資料資訊十分重要，所以要清楚記錄下來。

最後，我們來聊聊如何掛斷電話。一般應當由打電話的一方結束交談，彼此客氣的道別，說一聲「再見」，再掛斷，千萬不可以自己講完就先掛，最好是等對方先結束通話。

我以前在西門子（Siemens），有位主管在這方面就非常體貼。他從不主動結束通話，無論對方職位高低，他總會等對方先掛斷。而他就是靠這一個小細節，贏得了所有和他通過電話的業務的讚賞。雖然職位高，但為人仍如此謙遜，這是充分尊重對方的表現，對方一定會心存感激。

一個小小的細節，就能讓別人感覺被尊重；一通電話，就能獲取他人信賴。

贏得人心，關鍵在於你有沒有做事的涵養。微小之處最見人品，也最得人心。

9 三態四不，客戶漸漸把你當朋友

你希望客戶信任你，有事沒事便來找你聊天嗎？

怎樣交談，才能和顧客產生一見如故、惺惺相惜的感覺？相信這是每位從事銷售工作的人都渴望掌握的技能，有沒有可能透過學習掌握這個技巧？有，你只需要記住兩個理論：周哈里窗（Johari Window）和三態四不。

周哈里窗是溝通學上著名的交談技巧，是由周瑟夫・路夫特（Joseph Luft）和哈利・英格漢（Harry Ingham）在二十世紀提出，此理論把人的內心比作一扇窗戶，並分成了四個區域：開放我（Arena）、盲目我（Blind Spot）、隱藏我（Façade）、未知我（Unknown）。

開放我，是自己和別人都知道的部分。比如姓名、性別、家庭、出身情況、學歷等；盲目我，是自己不知道，別人卻知道的部分。比如，同事私下議論你做某件事，別人對你的感受等；隱藏我，是自己知道，別人卻不知道的部分。例如你的初戀、一件尷尬的蠢事等。有些事，我們會把它埋藏在心底，即便一個再真誠的人，也會有祕密。

未知我，是自己和別人都不知道的部分。比如我做銷售很多年，幾乎沒有寫過像樣的文章，大家知道我是業務，而不是寫文章的人，但偶然一次機會，我在天涯社區寫了一篇文章，受到網友鼓勵，就繼續寫了下去，沒想到這些文章還出版成書。於是，我的朋友們都對我刮目相看，覺得我不僅能做業務，還能出書。你看，我寫作的潛能就這樣被挖掘出來了。

各位可以思考一下，我們處在盲目我時，能好好與顧客溝通嗎？別人知道但自己不知道，這樣很難交流下去，比如，客戶去過美國，我沒去過，所以他和我談這方面的話題時，我能說什麼？講越多，越暴露我的無知，所以我們在資訊盲區，很難順利談下去。

我們再想想，在隱藏我的話，可以和客戶良好溝通嗎？隱藏我是我知道，但別人不知道，顯然並不能好好交流。那在未知我呢？這是你不知道，別人也不知道，兩個什麼都不知道的人，好比對牛彈琴，當然也無法溝通。

既然盲目我、隱藏我、未知我都不是好的溝通區域，便只能在開放我進行。共同的開放我越大，說明雙方越了解彼此，越容易達成共識，形成信賴關係。也就是說，在心理開放我區域內多說、多問，不僅是一種溝通技巧，也是贏得信任的手段。

二〇一七年，因為工作關係，我去拜訪深圳某大學醫學院的副院長，初次見面，我要怎麼和副院長交談，談什麼內容才好？到了約定的拜訪時間，我帶了一把在宜興請工匠訂做的紫砂壺，上面特意寫了「桃李滿天下，倪建偉敬贈」。當我把它送給副院長時，對方很高興，能透過言傳身教桃李滿天下，是所有老師的追求目標，這便是公開資訊。

副院長很高興，我們的談話氣氛因此活躍了起來。在過程中，我告訴他，我在武漢工作了十七、十八年，因此親眼看到武漢大學、華中理工大學（現為華中科技大學）、華中師範大學、中南財經大學（現為中南財經政法大學）等名校的變化。副院長聽我說起武漢大學，也有了興致，說自己曾在某一年去武漢大學進修過。於是，我們又一起聊了武漢大學的櫻花，聊著聊著，自然而然就有了一種信任感。我能明顯感受到彼此間的關係更親近，他也把我當作一個可以聊天的朋友了。

談話技巧除了在開放我區多說、多問、多了解彼此，找共同點尋求共鳴之外，還要有禮。交談時再有共鳴，如果太失禮，也會讓對方不舒服，甚至反感，這就得不償失了。

比如，我們和顧客採購處的張處長在交談時，發現對方年齡比我們小，而這時我們和張處長相談甚歡，於是鬆懈了下來，甚至有電話來了還直接接起來說個不停，讓張處長在旁邊等了三五分鐘，你覺得張處長會無所謂嗎？他大概會認為我們「前恭後倨」，是沒有修養、上不了檯面的庸人，不值得深交。

在商談時，特別是去**拜訪客戶**，**一定要注意「三態四不」**。**三態是指心態、狀態、姿態**。

交談時，你抱著什麼心態至關重要，如果抱著隨便談談的心態：「聽說對方是一個難相處的人，估計我和他也很難聊得來，隨意談談就好。」你的散漫、隨意、不重視的想法，必然會表現在你的言行中。對方不是木頭，他能感覺到你的無所謂，那他也會隨意待你，於是，還沒開始交談，便因心態不正，埋下了失敗的種子。

只有心態，沒有狀態也不行。兩人交談，如果你總是打哈欠、看手錶，一副無精打采、精力不濟的樣子，對方會認真和你商量嗎？狀態體現出一個人的外貌特徵與動作神情。好的狀態應該是精力充沛、神采奕奕，別人才會覺得棋逢敵手、將遇良才。若一副病懨懨、心不在焉的樣子，沒有人會想和你談生意。所以，保持一個好狀態，是對對方的尊重，也是談下訂單的重要條件。

有時候，你的心態很正，狀態也很完美，但姿態有些高高在上的話，也會讓對方覺得被輕視，影響成果。姿態是指一個人對外展示出來的姿勢、風格、氣質等。作為公司對外聯繫工作的業務人員，身負開拓市場、建立顧客忠誠度的責任和重擔，我們對待工作與客戶，要有一種崇敬、敬重、付出的態度。把工作談好、談妥、談到滿意，是業務的責任，切忌用吊兒郎當的態度對待。要身體力行，把好姿態呈現給外界，萬萬不可一副高高在上的模樣。你不尊重別人，別人也不會尊重你，你想要面子，最後反而丟了面子。

除了具備正面積極的心態、精力充沛的狀態、和藹可親的姿態以外，我們還要記住「四不」。

第一不，不要在對方辦公室停留太長時間。

拜訪客戶時，尤其是**初次訪問，時間應控制在十至三十分鐘，最長也不應該超過一小時**。重要的約談，雙方會提前確定時間及時長，務必嚴守，絕不能單方面延長或推遲。當拜訪者提出告辭時，即使被訪者表示挽留，仍要決意離開。

第二不，不要長篇大論，注意交談禮儀，內容應簡潔。

商談內容應清晰、簡短、明瞭。初次會面時，我們可以直接向對方簡要說明此次的拜訪目的，在言談間保持對客戶的尊稱，並多說一些禮貌用語，比如，謝謝、您、請、感激、感恩等，並抓住時機一展自己的價值，吸引對方關注。在最短的時間內，抓住對方的心理，投其所好，就顧客喜歡的話題談論下去。

第三不，不要得意忘形，要懂得尊卑有序。

交談中，我們要認真傾聽，並注意對方言行、情緒的變化，適時而恰當的應對，不要因為聊得比較投機就得意忘形。和客戶聊得再好，嘴上也要注意，多說一些善意、誠懇、讚許、禮貌、謙讓的話。萬萬不可說出指責、虛偽、貶斥、無禮、強迫的言詞，這樣可能會引起衝突、破壞關係，傷及感情。有些話雖然出於好意，但措辭不當，講話方式不妥，好話也可能導致壞結果。所以交談時，我們必須仔細考慮並掌握分寸，才能獲得好效果。

第四不，不要用爭辯和補充說明等形式打斷對方。

每個人在說話時，都希望能完整表達自己的觀點和想法，如果自己正說到興頭上，卻被人打斷，心裡一定很不舒服，有時候甚至會產生誤會。遇到急性子的，可能會憋一肚子氣，跟對方翻臉。

但有時遇到一些特殊情況，必須打斷談話時，可以運用一些小技巧，比如，你可以透過一些小動作來暗示對方，然後說：「非常對不起，能不能打斷你一下」，先徵求對方意見，再用最簡潔的話，說明自己想要表達的意思。

交談，是每個業務都會遇到且每天都在做的事，要想在過程中抓住對方的心，讓對方喜歡和我們交流，就要記得周哈里窗理論，在開放我和對方交流。與對方商談時，一定要三態積極，遵循四不，創造一個氣氛融洽的談論空間。

第 3 章

禮物社交的細節

1 菜鳥業務的大煩惱：如何送禮

無論是線下培訓還是線上解答實作課，我被問到最多的問題，就是如何送禮。第一次見客戶，要不要帶禮物？經常拜訪顧客，需不需要買伴手禮？年節送禮應該送什麼？如何送，才能和主管建立良好關係？維繫日常關係，要送什麼？亞洲是禮儀之邦，人情社會最講究情感連結，而最有效、最直接促進人與人之間關係的方法，就是送禮。

熟悉我的朋友都知道，我在深圳開了一家公司。當初去深圳創業前，我非常猶豫，因為我之前的工作以上海、武漢為主，廣州、深圳較少去，也沒什麼交集，突然來這裡創業，會有前途嗎？能拿到投資嗎？我很需要有一個懂行之人，給我指點迷津。

當時有一個知識付費平臺，可以按小時支付諮詢費，約見行業領袖或者知名人士，我在上面找了一個專業的投資顧問，他是深圳某著名投資機構的副董事長，我開始思考見面時要準備什麼給對方。

一般人會覺得，我已經付費了，沒必要再額外準備其他，但我認為，對方是投資公司的副董事長，他的時間價值遠遠不止一小時幾百元，他之所以選擇在知識付費平臺，以較低的價格接受諮詢，可能是因為想隨時留意行業第一線的動態，不脫離行業發展軌跡，遇到好的專案，他也可以提前知道，便於布局。所以我很用心準備了一份伴手禮，我親自去宜興托朋友找了一位紫砂壺工藝師，特地訂做一把紫砂壺，上面鐫刻著副董事長的名字。

當我按約定時間去諮詢時，副董事長見我特意送了一把刻有他名字的紫砂壺時，非常高興。據他所說，找他諮詢的人很多，但能格外用心準備禮物的人，只有我一個。後來我們成為很好的朋友，他在我公司發展的過程中，給了我很多建議，還主動投資了兩百萬元。所以，在商務活動中，我們還是要做一個有心的人，因為有時候一個有心之舉，一份小小的禮物，就能幫助你結識更多的貴人，獲得更多機會。

創業之前，在做銷售的二十多年裡，我從一個菜鳥，一路到在多家世界五百強企業擔任銷售經理、銷售總監、銷售總經理，中間拜訪過上萬名客戶，簽過無數大單，我想告訴大家：想簽訂單，要學會搞定人。

搞定人不難，學會用禮物社交，就是一個入門技巧，但也是普通人很難把握的訣竅。很多人把禮物社交想的很簡單：花錢買東西、送東西，所以總**想花大錢買昂貴事物，用錢砸開對方的心門，但這往往不符合現代社會的商業邏輯**。因為這種行為，可能會觸犯法律，給自己和他人惹上麻煩。

所以，在送禮時，我們要明白，它不是賄賂，不一定要送特別昂貴的東西，它更像是一種特殊的表達方式，是一種高情商社交。透過小禮物，讓對方明白他在你心目中是特別的，讓對方覺得你心裡有他。

送禮想要送得好，需要花很多心思、用很多創意，要善於觀察，弄清楚對方喜歡什麼，什麼是他的隱性需求。只有明白他人、與他人共感，我們才能成為真正的送禮高手。

2 選禮八術，讓對方明白你心意

上一篇提到，送禮標準要以法律規定和公司制度為底線，我們不能送太貴重的禮物，以免變成商業賄賂。

你可能會說，如果不送貴重，有些事情就告吹了怎麼辦？我要強調，我們是在學習如何透過小禮物社交，在職場上增進與他人的感情，而不是賄賂。很多公司有明文規定，或者限制收禮不能超過幾百元，可能每個公司金額不同，但不管多少，都說明我們可以選擇的預算空間非常小，要怎麼花小錢選對禮，送出心意，還能讓對方喜歡？

好的送禮方式要遵守四點：功夫在平時、高頻率、價值適中、以分享的形式送出去。選禮標準還要遵守另外四點：有創意、有同理心、低價高配、能二次社交，我把這些統稱為選禮八術。具體是什麼意思？

首先，功夫在平時。如果你平時既不跟主管打招呼，又不互動，遇到事情，才拿著成千上萬甚至更貴重的東西去找主管，一方面，這已經不是送禮，而是行賄；另一方面，主管跟你不熟，他敢收嗎？

送禮，不是為了達到目的而進行的一次交易，它是情感的維繫，讓對方明白你心意的方式，想要讓對方感受到你很重視他，平時得多多打招呼。見客戶時，可以順手帶一些咖啡、奶茶；出差回來帶個小土產，或者從老家備一些特產，找個理由送給主管，東西雖不貴，但會給對方一種「我時刻記著你」的感覺。

高頻率也是，當你總是出現在一個人面前，即使他不認識你，也會有一種莫名的熟悉感。大家都知道我經常出去培訓，每年培訓的學員沒有上千，也有幾百，多年累積下來，我其實很難記住一些學生，但是有一個學員，每隔一段時間就會寄一箱水果給我，價值一、兩百元，不太貴重，也不會給收禮人帶來心理壓力，而且水果也不好再退回去，一來怕在半路上就壞了，二來顯得不給對方面子，所以我只能收下。

他送的都是當季水果，新鮮又好吃，家人也非常喜歡，而且更重要的是，他每隔一段時間就會寄一箱過來，半年多過去，我都不知道吃了他幾次水果，也經常看到他的名字，所以就記住了這個人。有一次遇到一件大單，一位朋友要我幫忙介紹可靠的供應商時，我立刻就想到這個學員，並且幫他促成這筆生意。

你可能要問，我沒有那麼多錢可以這樣做，怎麼辦？所以就有第三點的價值適中，和第四點的以分享的形式送出去。

什麼是以分享的形式送出去？處理關係時，我們要把對方當成朋友，不要一開始就把自己的位置擺得太低，「我今天送你東西，是因為我刻意巴結你，你的地位在我之上，我後有求於你」之類。這個社會非常功利，當你把自己的位置放得比別人低，只會換來別人的輕視，每個人都願意去幫助值得幫助的人，所以即使面對的是客戶或主管，在平時相處中，大家也是平等的。

我認識一個創業者，每年大閘蟹上市時，她都會買一、兩萬元的螃蟹，自己只吃不到十分之一，其他的遇到生意夥伴時送一些，遇到上下級單位送一些，每次她都會說：「我吃過了，特別好吃特別新鮮，裡面的蟹黃很多，給你帶了一點，你也嘗嘗，記得吃啊。」還有一個女銷售員，她是新疆人，每次都會給一些新疆特產，葡萄乾、大棗之類的，她說都是自己家那邊產的，她覺得不錯，帶給客戶、主管嘗嘗，東西也不貴，大家便欣然接受。你會發現，這個銷售員的人緣特別好，工作中也常常有貴人幫忙。

了解了送禮形式，那要如何挑選？我來接著講選禮要遵守的四個原則。

有創意，要做到人無我有，人有我優，禮輕但有專屬感，能讓對方感受到你的用心。

比如送一本書，封面上刻有對方的名字；客製手機殼，用對方的頭貼或比較能代表他本人的照片，個人照、情侶照、家庭照都可以，製作方便，也不會花太多時間。當然，你要做成馬克杯、T恤或是筆記本也可以，全部加起來也不超過兩百元，至少未來在他看到或使用這些東西時，都能想起你。

如果對方的小孩喜歡某個明星，也可以去弄一張明星的簽名照或周邊商品，比如顧客戶喜歡麥可．喬丹（Michael Jordan），可以送一個裱框好、能擺在桌子上的相框，裡面放上喬丹的照片和金句等。

有同理心，能洞察並滿足別人的需求。我有一個畢業後第一年就做業務的學員，他經過培訓就職後，第一個月就簽下了一份小合約，是他們那一批招聘人員中，唯一一位第一個月就有訂單的人。

原因很簡單，他去拜訪設計院的設計師時，留意到一位中年女設計師的桌子上有一張照片，照片上的小女孩估計是她女兒，但沒有裱框，只是夾在書裡。

第二天，這位銷售人員一大早就去超市買了一個十五元的小相框，然後又去拜訪那位設計師，把相框送給對方，讓她可以把女兒的照片放進去，並擺在桌上。這件事情雖小，但是對方很感動，覺得這個小夥子一個人出來工作也辛苦，就把自己設計的一個專案，介紹給他，而這位銷售人員打著設計師推薦的旗號，很快就拿到了合約。

一個貼心的禮物，是我正好想要，而你剛好給了我，由於你解決我的問題，我自然對你有了虧欠，而大多數人最不願意虧欠他人，一定會找機會還。所以，我們平時要有同理心，洞悉對方在某個點上的需求，而我們恰好出現滿足，各取所需，豈不樂哉。

什麼是低價高配？就是送普通的好東西，而不是高級的差東西。很多短影音或課程都會告訴你，送禮要投其所好，比如對方喜歡喝酒，就送他一瓶好酒；對方喜歡滑雪，就送他一套滑雪用具等。

但是，別人對自己喜歡的東西，一定研究得比你深、比你多，而且，喜歡酒的人，會花很多錢藏許多酒，你送得便宜，對方看不上；送太貴，可能又超出你的能力範圍。同樣，喜歡包包的人，會費盡心思蒐集各種名牌包，價格不菲，如果你想投其所好，就是在為難自己。

那要怎麼辦？我們可以在對方的喜好周圍下手，比如對方喜歡酒，我們可以送他一套酒杯或者醒酒器；對方喜歡包包，可以送一張名牌包的保養卡，或者可以掛起來的高級小飾品等，既不貴又實用，還能經常出現在對方的視野裡，讓對方想起你。

如果說，你不知道對方喜歡什麼，也不知道怎麼選周邊，那就挑平時看起來實用，但性價比最差的東西。

什麼意思？比如，你的預算有兩百元，與其去買一個特別實惠的水果籃，不如買一雙貴得離譜的襪子，並用特別精美的盒子包裝起來。因為實惠的水果籃常見，而幾百元的襪子對方很可能捨不得穿，會一直留著。如果你有三千元的預算，也不要買一條奢侈品品牌的絲巾，因為在奢侈品中，這個價格也許算便宜，對方收到也不一定看得上，不如請他在豪華飯店吃一頓奢侈大餐，大餐帶來的心滿意足感，也許讓他許久都忘不了，以後有機會，還會跟身邊的人誇耀一番。所以，**低價高配的用意，在於給足對方面子，並且充分體現自己的用心**。

什麼是二次社交？就是可以讓收禮人拿出來跟別人炫耀。

我之前在某家世界五百強企業當銷售總經理時，下面有一個銷售同事，送了我一份沒花一分錢，卻讓我超級喜歡的禮物，而且我當時還晒給了很多朋友看。

他在年終總結會之後，給了我一本筆記本，上面工工整整的記錄我在那一年裡，跟他們分享的銷售實戰案例和打單贏單技巧，當時我還沒有出來講課，也沒有成為一位暢銷書作家，收到這份禮物時，特別有成就感，一來我沒想到我居然在這一年跟大家分享了這麼多實戰資訊，二來我也很意外對方這麼有心。如果那時候有朋友圈，我一定會拍照晒出來，我對於那位同事，自然印象深刻，這就是一份好禮物的魔力。

在職場，即便我們想給上級送禮物，也很難送到心坎裡，一是一般公司制度不允許下級給上級送禮，二是主管肯定賺得比你多，他不但消費水準比你高，還什麼都不缺，你買的東西他未必看得上，而且你一旦花錢買禮物給他，會引起他的防備心理，他會懷疑你是不是有所求。那該怎麼辦？就送具有二次社交屬性的禮物，這類禮物一方面帶給他特別強的成就感，另一方面很值得他炫耀，當別人看到的時候，會加深對他的認可，他自然會喜歡。

3 求人的時候再送禮，晚了

我記憶深刻的一次收禮經歷是在二〇一八年，我在深圳陪深圳市安全防範行業協會的高層，去部屬的會員工廠進行慰問，那個時候我恰好腳痛風，走路不敢用力，但看起來不太明顯。

在工廠聽完企業的經營情況彙報後，其他人要求去廠內走走，我腳有點痛，就說：「不好意思，痛風犯了，不能多走路，我在會議室等你們吧。」於是，他們便先離開，我則在會議室裡看這家企業的資料。過了十分鐘左右，會議室的門被打開了，這家企業老闆的祕書走了進來，說：「倪總你好，我們老闆剛才聽你說痛風發作了，下樓的時候提醒我買治療痛風的藥。你看這個藥你能不能用？」

祕書說完，就把特地為我買的幾盒藥遞給我。那一刻我被感動、被溫暖了。人在脆弱的時候，總是格外感恩意料之外的幫助，雖然痛風藥也就三十多元，但是，你被人記住，別人主動幫你，這是別人對你的認可和關懷，是無價的。

一次為你精心安排的生日晚餐，朋友帶你去一個從來沒有一起去過的地方，或是一起看一場演出……這些美好的記憶更加珍貴也更加深刻，重要的是難以被比下去，所以**送禮要送對方意料之外的溢出價值**。

我們去問路，對方告訴我們怎麼走，我們會感激對方，但是這種感激之情兩三天就會遺忘，但是如果我向對方問路，對方不僅告訴我怎麼走，甚至親自送我到要去的地方，這件事估計一輩子也忘不掉。

這樣的送禮法，西方稱為「雞尾酒送禮法」，也是「一＋一＋一送禮法」，具體做法是：按照自己的經驗，列一份收禮人可能會需要的物品清單，並選擇一個他會接受的禮品，且要比收禮人的消費水平再提高一個級別送出。這就是一＋一＋一送禮法，一份清單＋一份禮品＋高一個水平，往往既能給人驚喜，又有實用價值，還可以被對方牢記。

如果你想送的禮品實在超出預算，就把預算換成禮品卡，加上一個有心意的小卡片，最後找一個理由，安排這一次美好的體驗。

不過各位可能會說：「哇，一＋一＋一送禮法確實是好，但是我要怎麼知道客戶需要什麼樣的禮物？」很簡單，拿張紙，按照性別、年齡、職業職位、收入、婚姻或家庭狀況、消費習慣這六個角度，為對方畫一張需求肖像即可。

比如，二〇一五年，我想給一個化工廠的採購員送禮，按照六個角度，我的總結如下：

性別：女。
年齡：三十五歲。
職業：採購員。
收入：月薪六千元，年底有約六萬元獎金。
婚姻狀況：已婚，有一個女兒在讀小學。
衣著：穿著一般，沒有名牌衣物。

根據普遍的社會經驗分析這個需求肖像：

1. 男人注重功利、前途、權力、樂趣；女性注重精神、感覺、外貌、身材。

2. 二十歲的青年做事比較隨意，做事風格隨自己心情；三十多歲的中年人責任大，會考量利益做決策；老年人關注子女，關係到子女的都會去做。

3. 採購員這個職位屬於公司的底層員工，薪水普遍不高，在公司存在感不強。底層員工普遍渴望更多金錢，盼望升遷，祈求薪水穩定。

4. 採購員基本年收在十五萬至二十萬。這個收入比上不足比下有餘，屬於焦慮感最強的階層。

5. 已婚有小孩的人，特別是小孩在讀小學，下班回家都要輔導小孩寫作業，可以說孩子在她的心裡排第一位，看得比自己還重要。

6. 穿著一般，說明該女性收入和支出基本平衡，沒有多餘的錢去買大品牌的東西。

將上述六個角度的社會普遍現狀代入客戶，不難發現，這個三十多歲的女客戶，她已婚且以孩子為重，由於孩子的課後輔導班、房貸、車貸等支出，估計她的收入和支出剛好打平，每年剩不了多少錢，但是，身為女性，既希望自己的孩子比別人家的優秀，也期望自己美麗漂亮。根據此分析，我們就有了送禮方向：

1. 優先選擇送小孩子用的東西。
2. 如果要送女客戶本人，一定要送稍微貴重一點，能讓她變美麗的商品。

我選擇送一臺小孩子用的學習機，大概幾百元，在二〇一五年，學習機算是比較新穎的學習工具，很多家長還不清楚可以借助它來幫助孩子提升成績。因為這部學習機裡內嵌北大、清華等幾所名校的名師，講解小學一年級到國中三年級的全部課程，對小孩子的學習有一定幫助，所以當我把功能講給女客戶聽的時候，她沒有拒絕就直接收下了。

我當時的話術是：「張工，我做銷售天天在外面跑，我一直沒時間輔導小孩子，結果他的成績一直不好，我昨天給他買了學習機，裡面是北大、清華的名師課程，從小學一年級到國中三年級的都有。對了，上次聽妳說妳家小孩在讀二年級，我順便多買了一個，妳看看她能不能用。」

送禮有一個小訣竅：需要幫助的時候再送就晚了，平時沒事就送，才是未雨綢繆、有智慧。

銷售界有個說法：「求人不送禮，送禮不求人！」求人的時候才去送東西，太晚了，別人不敢收，也不願在風口浪尖上冒險為你辦事，所以要平時沒事的時候去，對方收了沒壓力，才能慢慢加深感情。

我以前做業務時，每年都會拿出幾萬元當作送禮專用金：出差去外地，遇到不錯的東西，買一點帶回公司，送給同事和老闆，也讓我獲得了老闆的信任和同事的喜歡；在網路上看到好東西，突然想起很久沒聯繫某位客戶，於是順便買下寄去給他；創業做自媒體時，有時也會忽然舉辦有獎徵文，送一些禮品給有回覆的讀者。贈人玫瑰，手有餘香，只有提前捨，才會在你需要的時候有得。

4 送禮的最佳時機

司馬遷在《史記》中記載了一篇關於送禮的故事。《史記》記載的是每個朝代的重大事件，一件送禮小事能被載入其中，說明一定有其重大啟示。

故事是說范蠡幫助越王勾踐擊敗吳國後，擔心鳥盡弓藏，就帶全家人離開越國，去陶地做生意，自稱陶朱公，沒多久就積累了豐厚家產。

後來朱公的二兒子因為殺人被楚國拘捕，朱公決定派小兒子去探望二兒子，並要他帶一千鎰黃金賄賂官員，看能不能免罪。然而長子卻不同意，說：「我是長子，現在弟弟犯了罪，父親不派我去，卻派小弟去，說明我是不肖之子。」說完就要自殺。

不得已，朱公只好派長子去，並寫了一封信要他送給舊日好友莊生，同時交代：「你到楚國後，把黃金送到莊生家，一切聽從他的吩咐，千萬不要與他發生爭執。」朱公長子到了楚國，依照父親囑咐向莊生進獻了黃金。莊生說：「你現在回去吧，你弟弟被釋放後，不要問原因。」朱公長子口中答應，但並沒有真的離開，而是偷偷留在楚國，並用自己另外私帶的黃金賄賂楚國主事的達官貴人。

莊生找了一個機會入宮見楚王，以天象有變將對楚國產生危害為由，勸楚王實行德政，於是楚王準備大赦。而受了賄賂的達官貴人把這一消息告訴了朱公長子，朱公長子尋思，既然實行大赦，弟弟自然可以被釋放，那一千鎰黃金不就等於白白給莊生了嗎？

於是他又返回見莊生。莊生一見到他就驚訝的問：「你沒有離開嗎？」朱公長子說：「沒有，當初我為弟弟的事情而來，現在楚國要實行大赦了，我的弟弟自然可以得到釋放，所以特來向您告辭。」莊生聽出了話裡的意思，就說：「你自己到房間裡取黃金吧。」朱公長子暗自慶幸黃金失而復得。

莊生覺得受到朱公長子的愚弄，深感恥辱，他又入宮見楚王，說：「現在，外面很多人都在議論陶地富翁朱公的兒子殺人後被關在楚國，他家派人用金錢賄賂君王左右的人，因此並不是君王體恤楚國人而實行大赦，而是因為朱公兒子才大赦。」楚王聽罷大怒，於是命令先殺掉朱公的兒子，之後才下達詔令。

朱公長子只好帶著弟弟的屍體回家。母親和鄉鄰們都十分悲痛，只有朱公嘆口氣，說：「我就知道老大救不了老二，不是他不愛自己的弟弟，只是他從小就與我生活在一起，經受過各種苦難，知道生活的艱難，所以把錢財看得很重。老大不能棄財，所以最終害了自己的弟弟。而小兒子從小生活在蜜罐裡，不知道錢的珍貴，如果讓他去辦這件事，他不珍惜錢，一定能破財消災。」

自古以來，求人辦事就和送禮密不可分，用禮物來鋪路搭橋，是人際交往中不可缺少的一課。但從收禮者的角度來說，拿人錢財替人消災，收下等同於接受他人的恩惠，得償還，甚至加倍還回去，所以一般人不會無緣無故收禮。沒有掌握好場合和時機，禮物便會使別人產生誤解，感到不安，很容易導致對方拒絕。所以我認為，只有在正確的場合和時機，才會讓收禮者自然接受，不會造成心理負擔。

首先，我們來說場合。贈送禮品可以在公開場合，也可以在私底下，主要看禮物的性質。如果沒有什麼實用性，但能帶給對方面子、榮耀，便於其樹立形象和炫耀，不妨在公開場合贈送，比如一面錦旗、一座獎盃、意義不凡的活動邀請函、一束鮮花等，可以直接送到對方的辦公室，在表達心意的同時，也可以向其他人展示收禮者的優秀、清廉、高雅，使他備受尊重的同時，也有一種精神上的成就和自豪。**在公開場合，我們送的不是禮品本身，而是一種面子、一份榮耀。**

舉個例子，我有一個學員，以前當著很多人的面送我禮物。不收嘛，對方千里迢迢特意來，誠意十足，拒收實在不妥；收下嘛，眾目睽睽之下，這件事情傳揚出去，嚴重的話可能會影響名聲。於是，我當機立斷收下，但把它作為抽獎活動獎品，隨機抽取三位學員，讓他們回答問題，答對次數最多的獎勵禮品，另外兩位則贈送我準備的其他獎品。

我收下了學員的禮品，將它變成獎品，讓他人參與互動，使之更有意義及價值。而送禮的人成為獎品提供者，被我公開宣傳，也頗有面子。

送禮場合非常重要，如果選擇不當，往往讓對方心生顧慮，比如顧客的採購辦公室有五六個人，你直接帶兩瓶白酒、一斤茶葉，大包小包給客戶送過去，對方要是接受你的好意，不就是當眾收賄嗎？收禮的員工可能第二天就會被公司警告。所以，如果贈送的是食物或其他實用性物品，一定要私下送出，一方面不會帶來壓力，另一方面也不會引起誤解，損害收禮者的形象。

接下來聊聊時機，經常有學員問我：「您覺得什麼時候才是送禮最佳時機，是年節還是平時，是剛見面還是臨走時；上班時間，還是之後送到對方的家？」我通常會回答，有恰當的理由，讓對方能合理的收下，都是好時機。

很多人找不到更好的理由，就會借元旦、春節、中秋、聖誕等節日贈送，也有人選擇新公司的成立日、公司成立紀念日、大客戶的生日、向介紹商業機會的同事或朋友道謝、恭喜某人高升，還有部屬或有業務往來的人結婚、生小孩、生日、重病初癒等時候。

高情商的社交高手能找到各種理由。禮物按功效可分為兩種，一種是用來傳達情感的表達型禮物，比如春節送長輩保健食品，情人節買花給女朋友等，另一種是用來達成某種功利性目的的工具型禮物，比如送禮給客戶，期待生意上多多關照；給貴人，期望多引薦機會；給主管，希望工作上多關照等。

工具型禮物通常帶有目的性，容易激起對方的防備心理，所以這類型的往往比較難贈出，但是高情商的人會把工具型，合理轉化成表達型：今天我看這個東西不錯，分享給你；明天我看那個吃的不錯，也分享給你……不管我們背後有沒有利益關係，我是用和朋友相處的方式在跟你分享，這就為平時送禮奠定了很好的基礎，還不會給對方造成心理負擔。

一般來說，不管是表達型還是工具型，都應該在一見面時就給對方，如果剛見面不太方便，也可以在道別時再贈出。不管禮物豐厚還是微薄，都應該大大方方拿出來。**如果想在年節送禮，最好提前幾天，因為佳節送禮的人較多，早到的禮物更容易被記住**。如果送晚了，一定要找到合理的理由，年節或特殊時期不送，事後補贈人家收也不是，不收也不是，就算禮品再貴重，也起不到最佳作用，不僅失去了應有的意義，還會讓人有被你忘記和輕視的感覺。

另外，在**求人辦事時**，很多人常會問：**是辦事前送禮好，還是辦事後送禮好？我建議辦事前、辦事後都送**。因為辦事前送禮，你的意思是，「我們是朋友，能不能幫個忙」；辦完後贈送，是讓對方明白，儘管這件事辦完了，但我還記得你的人情，我是真心誠意向你致謝。**人脈都是經營出來的，面對有心之人，對方會格外有好感**，下次你再找他，他也更願意幫你。

5 對方收不收，看你怎麼說

我們的成長經歷中，禮物社交幾乎貫穿我們生活的始終。

小時候可能會隨著爸爸媽媽，一起在過年或中秋給長輩們送禮。青春期可能會送一本書或一張電影票給心儀的女生，我讀國中時，在上學路上，曾經收下同班女生送的熱呼呼的茶葉蛋，這些都是傳達情意的表達型，禮輕，但情意更重。

轉瞬從學校走向社會，主管安排我到廣東負責區域銷售，但是我想去武漢，於是，週六我便買了兩斤蘋果去主管家裡，陪他說話，帶他的小孩打籃球，中午順便蹭了一頓飯，飯後主管無奈的說：「你想去武漢那就去吧，但是不管去哪裡都要好好工作，做出成績。」週六去主管家帶兩斤蘋果，這屬於工具型送禮，是為了某個目的而去的。

工具型禮品很難送出去，因為對方知道你是為了某種目的，也清楚之後得要為你辦好某件事，收下等於自找麻煩，所以絕大多數人會拒絕。

有一個學員向我描述他的一次送禮經歷，他說：「我是在賣消防水泵浦，有個建築專案需要消防水泵浦，而消防公司以前用Ａ品牌，對方的採購員透露，只要我們的產品品質能和Ａ品牌相當，並且便宜一點，他就可以考慮購買我們的產品。結果我報價都送了，價格也比Ａ品牌便宜五％，但採購員告訴我，這件事還需要老闆親自定奪，他只能把我們的報價呈上去。於是，我在最近一次拜訪時，買了一張禮品卡，夾在產品型錄裡送給採購員，他看到後表情有點難看，堅決要我把型錄拿走，否則取消我參與報價的資格，我只好拿走。禮沒送出去，反而讓採購員很生氣，送禮怎麼這麼難啊？」

這個學員送不出去的原因很簡單：送禮品卡相當於送現金，收下有可能會觸法！採購員知道你送禮品卡給他，就是想要他買你的產品。意圖太明顯，而且他要付出的代價太大，會有顧慮。

試想一下，你見採購員時，送他一杯奶茶，你看他收不收？他肯定會，因為一杯奶茶十幾元，沒有什麼利益糾纏，他喝了也不會因此付出慘痛代價。所以祕訣就在於，你要提前消除對方怕付出代價的不安全感。這就靠話術來解決。

一般在面對送禮時，禮品如果是對方想要的，收禮人的心裡會搖擺不定，既想要，但是考慮到不熟悉、怕麻煩、怕付出代價，因此不太敢拿。禮物難不難給，關鍵在你平時和對方的親密度，你送的是對對方有幫助，是對方想要的、感覺安全，再加上你的態度誠懇，客戶便很難拒絕，且往往會順著你的話術收下。

送禮話術可參考三點：

第一，讓對方覺得一定要收下。

顧客會判斷收下後要付出什麼代價。如果代價在自己能力範圍內，他就會收下；如果超出能力範圍，就會拒絕。大家都明白，「出來混，遲早要還」，拿人錢財不能替人消災，這個錢財就不能拿。

為了把東西贈送出去，便要靠話術消除對方的擔憂。如果不需要付出代價，禮品便具備超高的性價比，客戶就覺得很有必要收下。你可以這麼說：「張工好，昨天週末，我帶老婆小孩去鄉下玩了一趟，那邊送了二十斤草莓，很好吃，但是草莓不好保存，我也吃不完，又不能放太久，所以帶了一點過來，幫我解決掉，不然放著也是浪費，不如和朋友一起吃掉。」

第二，讓對方覺得這個東西對自己有幫助。

我是痛風患者，一般有人送我治療痛風的藥，我都會接受。送禮除了判明對方的需求，還要讓收禮人明白，這對他有幫助！

比如一個浙江醫療器械行業的銷售人員，他的客戶是一位主任醫師。這位主任醫師特別忙，住的地方離醫院有點距離，而且醫院的停車位非常少，他常常來不及吃早餐，也找不到停車位，以至於上班遲到。在一次閒聊中，這位銷售人員聽到主任醫師抱怨停車的事，他就留心了。

第二天一大早，銷售員買好早餐，特意提前半小時去醫院占了一格停車位，然後估計主任醫師快到醫院了，於是打電話給他：「張主任，我早上肚子痛來你們醫院掛急診，我現在要走了，我的車停在C八十六號，你來我讓給你。」

主任醫師還在擔憂停車問題，忽然聽銷售人員說要把停車位給他，他沒有理由拒絕，於是就去了，不僅車子有地方停，而且對方連早餐都幫他買好了，這位主任醫師心中自然產生感激之情。

從那之後，這個銷售人員幾乎天天提前幫忙占停車位並買好早餐，雖然他沒有推銷，但他的產品在這家醫院賣得最好！贈人玫瑰，手有餘香，你平時有沒有「贈人玫瑰」的舉措呢？

第三，讓對方可以安心收下。

人人需要安全感，甚至寧願自己吃一點虧，也要讓自己安心。安全是人類最基本的需求，滿足不了，任何人都不敢收受你的禮物。所以，你公司的知名度、企業規模，你對待顧客的態度和專業，以及商品的口碑、功能和售後服務等，都是客戶會考察的部分。有了保障，才有可能接受餽贈，所以，我們平時一定要向客戶宣傳企業、產品、個人品行，這都是對方的判斷依據。

前期打好基礎，有助於送禮，但不管如何，仍需要用言行來打消對方的安全疑慮，才能一次就成功。比如，有一次我去拜訪一個客戶，送對方一個錄有三千首歌的汽車音樂隨身碟給他，我說：「張工，這是我公司專門給大客戶的宣傳用隨身碟，裡面有我公司的資料和影片，也錄了幾首歌。我看你經常開車，開車上路，偶爾聽聽歌，有助於放鬆。」對方聽說這是公司統一給大客戶的宣傳用隨身碟，他就毫無顧忌的收下。

想輕鬆愉快贈送禮品，怎麼說很重要，依據「必要的、對自己有幫助、安全的」這三個原則，才能達成目的。

6 被拒絕了，三招化解

有時儘管在對的時間、地點，送給對的人，仍可能被拒收，因為對方不想和我們有進一步的發展，或是有可能觸犯自己公司的規章制度，所以他不收。有時候送禮給親朋好友、戀人、同事，如果之前發生了一些矛盾，而我們不自知，也會出現這類情況。

有一年春節，我在自家親戚群裡發紅包，每個人都是兩百元，後來發給堂弟時，我的微信裡只剩一百元，於是只發了一百元給堂弟。

當時我沒在意，想說過年發紅包只是為了氣氛，況且都是親戚，誰會區分親疏遠近的關係。但我堂弟不這麼認為，他覺得我看不起他，所以從那次之後，他不再主動和我說話，我有事找他，他也不熱情，我有感受到他的態度冷淡，卻沒多想。轉眼又是第二年春節，我回老家一趟，分別給親戚帶了禮物，包括堂弟的父母和小孩，我給堂弟的父母送禮，他們收下，但是送給堂弟小孩的禮物，他和他老婆說什麼也不要，還說「我們農村高攀不起」之類的話，我很驚訝，就把嬸嬸喊到一邊問：「堂弟好像對我有什麼意見，怎麼回事？我記得沒得罪過他。」

於是，她就告訴我，之前發紅包給其他人兩百元，唯有堂弟只發一百元，那時我才明白，原來是一件不經意的小事，導致堂弟夫妻對我耿耿於懷。

知道問題的起因，我便親自去道歉，話說開了，基本就沒事了，並不影響真正的感情。但是，我們給客戶送禮，如果對方拒收，就不是什麼不影響感情的事了，對方的言外之意是：不想跟你深交，不幫你辦事。如果客戶不幫我們，可能會影響工作的進展和簽約。

銷售人員如何應對客戶拒收禮物？下面有三招，你可以試試。

第一招：巧借第三者法。

我們為了能順利贈送，往往會以第三者作為藉口，比如去見同學，你平常帶點水果什麼的還好說，但如果想請他幫你做些事情，只送水果可能不夠，但如果再稍微貴重一些，對方就會說：「我們都是老同學，我肯定會幫你，但這個禮真的不能收，你趕快帶回去吧。」如果硬塞給對方，不僅無法推動事情發展，還可能進一步惡化。這時，你可以藉口給對方的孩子。

我們可以說：「這東西不是要給你的，是給你家小孩，同學感情跟兄弟感情也差不多，作為長輩給孩子買些東西，不是天經地義嗎？」通常說是送給孩子，對方就會收下。送出禮，意味著辦這件事會變順利，所以，做人不能太實在，那些會辦事的人，最精通這一套，所以人家做事總是比較有效率。

除了對方的孩子，對方的父母、彼此熟悉的人等，都是可以巧借的第三人。比如我們說是送給對方父母，作為晚輩，來拜訪你，並給長輩帶點東西合情合理，對方也不好再推拒。

第二招：不能讓你吃虧法。

我家小孩要讀國中時，因為不是深圳本地戶口，又想上深圳本地的公立學校，但名額有限，還有各自的招生政策。於是我找了一個朋友，他是做電子白板銷售的，客群就是各大學校，和老師比較熟，我託他幫我問問，小孩讀公立學校需要什麼手續，要什麼條件才能入學。

為了讓他知道我很重視這件事，於是我送了兩盒茶葉，朋友當然不收，他說：「雖然我們是朋友，但是在相處的時間裡，你教會我很多做生意的方法，某種意義上來說，你更是我的老師，我怎麼敢收你的禮呢？」於是我就回：「你幫我去問也不容易，先不說耗費你的時間和油錢，你還要到處打點，到了吃飯時間，說不定還要請別人吃飯，這些都是開銷。你幫我，我怎麼能讓你自己掏錢吃虧，這說不過去！這兩盒茶葉是表示感謝，你一定要收下，我們人情後補。」我這樣一講，朋友也無話可說，終於安心收下兩盒茶葉。

各位找朋友辦事，會不會送東西？有人認為，都是朋友，送禮太見外了，即使找他辦事也不用這樣。你覺得這樣關係能長久嗎？

第三招：禮品暫寄法。

我以前底下有個在長沙的業務，別人幫他介紹了一個天津的新客戶，是一家民營企業。於是他就出差去天津，拜訪客戶的採購員。他在當地買了兩瓶酒，想送給對方，結果被嚴詞拒絕，說公司規定不許接受禮品。不管他用什麼話術，對方就是不接受，送了兩次，都沒有送出去。

他第三次去見採購員，並說：「我今天就回長沙，還想請你幫個忙。」採購員說：「什麼事情？」他說：「你也知道我是長沙人，這次我是特地從長沙來天津看你，和你相處也挺愉快，我學到了很多，今天我要回去了，飛機票也買好了，坐飛機不能帶酒，而我在天津就你一個朋友，所以，我這兩瓶酒先寄存在你這，我過段時間再來拿。不知道你能不能幫我這個忙？」

對方一看，他說的確實有道理，總不能要他把酒扔掉吧？於是採購員就同意了，而業務員的禮物也送出去了，因為對方知道：東西寄存，還能還回去。

第 4 章

成就好事的飯局，怎麼吃？

1 至少點一道大菜

飯局是每個業務都繞不過去的一個環節，也是決定很多人能否成單的關鍵。

我相信大多數人都辦過或參加過飯局，也曾為這個問題苦惱：如何辦才能花費少又不失排場，還能達成社交目的？最好的方法，就是借飯局。

我在二〇一七年底去深圳發展，但是茫茫人海，該從哪裡開始？我便想起了我的目標客群所在的行業協會。因為臨近年底，行業協會要舉辦年會慶祝活動，於是我報名並繳納會費，加入了這個行業協會，自然也被通知要參加年會活動。

在晚宴上，行業協會會長更是把我推到主席臺上，讓我作為新加入的會員說幾句。於是，我透過晚宴，認識了不少協會內的客戶，在年後的三個月，我便接到了協會會員的四張訂單，工作局面一下子打開，直到現在，這個協會的會員企業也和我有合作。

我靠行業協會的飯局，一下子改變了自己的被動局勢。各位如果也處在開拓階段，往往可以借助一些相關宴席，留心是不是有關聯性活動，趁機掌握機會。

如果我們已經和客戶比較深交，就需要我們來主辦。那要如何用少錢、不失體面，還能把客戶維護好？我建議利用峰終定律（Peak–End Rule），並且提前做好準備即可。

二〇〇二年諾貝爾經濟學獎獲得者丹尼爾．康納曼（Daniel Kahneman）認為，人是由高峰與結束時的感覺來評價體驗，這就是峰終定律。具體來說就是，我們經歷了一件事情之後，只會記住高峰與結尾發生的事，而過程好與不好，以及時間長短，幾乎不會影響評價。

比如，你在一間餐廳用餐，上菜很慢，但是餐廳免費送你撲克牌和瓜子，讓你在等待期間，可以和朋友先玩一場撲克牌，這樣就能消除你的不滿，用餐完畢後，再贈送一份精緻水果盤，並附贈禮券，你多半就會對這間餐廳有好感並推薦給其他朋友。

依據此定律，能事前規畫飯局中若干個高峰點，從而保證場面可控，獲得客戶好評。

比如從事矽鑄模具的銷售人員，去拜訪某一企業的採購，覺得這個客戶非常優秀，想透過一頓飯來加深感情，建立合作基礎。但正常來說，如果貿然提出要請採購一起吃飯談合作，對方肯定會警覺並婉拒。於是，聰明的銷售人員便以考察其他客戶使用產品的情況為由，安排對方去離飯店不遠的地方參觀。

銷售人員故意把時間安排在下午四點半，中間再拖一拖，正好拖到用餐時間，於是順理成章留下採購員一起吃頓飯再走。雖然看起來像是臨時起意，實際上卻是策劃已久。

怎麼請客戶？在哪家飯店請？點什麼菜？考察需不需要送禮？送什麼？這些早在幾天前規畫好，再找機會以考察產品使用情況為由，把客戶約出來，用拖延戰術拖到飯點，最後一起用餐，這就是提前準備的重要。

那要如何利用峰終定律，做到我方開銷少又相對有面子，讓客戶讚嘆不已？首先，最好提前三天正式發請帖邀請，展現你的誠意且已安排妥善。提前三天告知，方便自己和客戶挪出時間做準備，也是有禮貌、有誠意的表現。

普遍來講，當天才提出要請吃飯，對方很難判斷你是嘴上說說還是真的要請，對方往往會婉拒。所以，**正式請客盡量提前三天告知**。

為了傳達你的真誠和確定有此事，你還要遞交**請帖**，**上面寫上具體時間、飯店名稱和哪一個包廂**。如果是當天臨時要請，不管是當面口頭邀請，還是書面告知，都要事先告知餐廳名稱和包廂，且每隔一段時間與對方確認一次，堅定客戶來赴約的決定。

其次，了解客戶的口味偏好和忌口，提供有包廂服務以保障隱私，並依據客戶的地區、年齡、習慣、偏好等資訊尋找匹配的餐廳，選定之後打電話說明地點和特色口味，諮詢對方意見，如果沒有問題則可預訂，然後靜待客戶光臨。

接待客戶和與朋友吃飯不一樣，一定要注意隱私，最好選擇當地有情懷、偏遠的特色飯店或休閒農場，總之，宴客地點最好遠離閒雜人群。有次我在南京請客戶吃飯，我們就去山裡吃新鮮的山裡雜魚，一是新鮮，二是山上空氣好，可以放鬆心情。

最後，根據峰終定律，讓客戶體驗、好感度拉滿。

不管說與不說，在飯局後，顧客一定會對此有所評價，所以我們要特別設計峰終節點，讓對方難以忘懷。具體做法有三點：

第一，至少點一道大菜。

點菜時即使對方表示一切隨意，但還是要請他們至少點一道大菜。所謂大菜，就是較為珍貴的主菜，比如一道鮑魚、一隻澳洲大龍蝦等，這類主菜可以確定整桌的層級並給足客戶面子。

雖然他們嘴上說隨便，但心裡都有一把尺，大菜便是那一把。畢竟我們所做的一切，還是為了向客戶展現我們的價值，所以點高價位的菜，對方會感覺自己被尊重，對這場飯局自然就有了高峰體驗，評價自然提升。

第二，必點特價菜。

特價菜是店家招攬顧客的促銷手段，但對我們來說好處多多。特價菜除了價格實惠，大都也是特色菜，既能展現餐廳特色，還可達到省錢嘗鮮的效果。如果對菜餚實在沒有把握，可以看看別人桌上有什麼，哪幾道最受歡迎，很多人會點的菜不會太差。

第三，不要讓客戶空手離開。

還記著峰終定律的「終」嗎？好的結束是成功的一半！所以，在策劃階段就要準備好送給客戶一些伴手禮，不要讓對方空手回去，比如山上新鮮的土產，或一些電子設備，都是好選擇。

如果你是客戶，形勢所迫，你不得不參加一個飯局，但是請客方很尊重你，請你點一道大菜，並在你離開時，贈送一份用心準備的伴手禮，你會如何評價？不滿意，還是很愉快？所以，**商務宴請一定要讓客戶滿意，因為這是商務社交中，成本最低，卻能提高評價的方法。**

2 求人辦事的飯局，一定要師出有名

做業務的都知道一頓飯的重要，但十個業務有八個都在愁無法請到對的人。想把事情辦好，找對人是第一步，人都找錯，還想成功幾乎是天方夜譚。比如你想求子，就要去拜送子觀音，如果拜文殊菩薩[1]，那不是笑話嗎？如何才能找對菩薩燒對香？我們需要堅持一個原則：根據事情，到相應的部門去找人。

社會運作是有分工的，各管各的事，採購部負責採購，生產部負責生產，老師負責上課，醫生負責看病……千萬不要聽到有人說能幫你做任何事，你就委託他，很容易被騙。你一定要去相應的部門見相應的人，才能找到對的人。

之後我們就要想辦法請對方幫助我們處理事情。由於現在處於過度競爭的狀態，一個餅往往有十個人吃，為了確保我們能分到，就需要和對方建立一定的信任關係。而基於此，對方也會優先回應我們的需求。該如何獲得信任？吃一頓飯可能是最快的方法。

「一般不喝酒，不喝一般的酒，不和一般人喝酒」，這句話反映了職場和有利益衝突的地方，想把一個手上有資源、能決定你成敗的人請出來吃頓飯非常艱難。比如我同學，在某個部門副主任科員做了十多年，正科長一直沒調動，他也就一直沒機會升遷，想換個部門看看能不能有好運氣，於是，他傳訊息問主管：「您週末有安排嗎？想請您吃頓飯。」對方回有事情。

過了一段時間，他又打電話給主管，問對方有空嗎，主管說這段時間比較忙。又過了一陣子，我同學又再打電話過去，他說：「主管，跟您預約一下，您下週百忙之中找個時間給我，我請您吃飯。」主管說：「不用不用，都是同事，有事你直接來我辦公室談吧。」你看，我同學怎麼都請不出主管和他單獨吃飯，

---

1. 在佛教中是智慧的象徵。

所以才在同個部門做了十幾年，現在還在那個位置上。

主管不傻，他知道你無事不登三寶殿，無非是想讓自己幫你做事而已，誰願意為了一頓飯，去替人做一件有難度的事情呢？所以，求人辦事，請不出來才正常！如果一個人隨隨便便都能請出來，他也不會替你辦好什麼事。

如何才能把對的人約出來？第一種方法，找有影響力的人出面邀請，我方裝作偶遇。

很多時候，如果直接去邀請某個重要的人，縱使有充分理由，也不一定邀得到，因為對方有太多顧慮，比如覺得彼此不熟悉、地位有差距、業務關係需要避嫌等。但如果邀請對對方有影響力的人出面作陪，難度會小很多。你可以麻煩同學、同鄉、同事開路，共同好友作陪，老主管出面等。比如，想請主管出席，可以邀請與其關係很好的共同好友作陪，或者找其他同事，如果對方喜歡書畫，也可以請當地有名的書畫家出席。

我曾經做某個專案的設備銷售，需要請業主的人吃飯商談，但是對方始終不答應，於是，我便趁這個專案的設計師來現場和業主對設計圖時，策劃讓設計師請業主吃飯，等吃到一半時，設計師藉口上廁所，我則裝作在這邊吃飯，偶遇設計師，再用這個理由，讓設計師帶我進包廂。我則以打擾為由，逐個向業主、設計方敬酒，並獲得進一步交流的機會。但要注意，**求人辦事的局，作陪的人不宜過多；答謝別人的局，可適當增加人數，活躍氣氛**。

第二種方法是自己出面邀請，但一定要讓對方知道，來參加是有甜頭可拿。人在社會上，都有喜好、有欲求、有自己想做卻暫時未做成的事。我們就在這幾個點上，想辦法投其所好。

我以前銷售水泵浦的時候，曾經去開發某個石油化工設計院，想讓設計師把我銷售的產品畫到新建專案的設計圖裡，有助於銷售，但是室主任才有這個權力。傳說這位主任油鹽不進，請客吃飯都嚴詞拒絕，令我一點辦法也沒有。後來有一天，我又去找主任，他不在，我和他的部屬（工程師）聊天，問為什麼今天主任不在辦公室。

工程師告訴我，主任的小孩想去美國讀高中，但是需要美國人提供擔保，才能獲得批准，出國留學涉及選學校，要熟悉美國的法律和跑各種流程，主任全都不熟悉，最近每天為這些事忙得焦頭爛額，今天可能又去了解情況。

我一聽就覺得是個機會，因為我有個同學專門處理這類事情，於是我借機約主任吃飯，說：「我有個工作上的事情要向你彙報，本來想單獨見你，但我恰好有一個同學從美國回來，他的工作是負責送小孩去美國讀有名高中，你看我在你公司附近某某飯店等你，好嗎？」

主任正在為自己小孩去美國讀書而煩惱、四處奔波，而我介紹一個能幫他辦成這件事情的同學認識，你說，他會不接受這個邀請嗎？我同學最後有幫他將小孩送去美國讀書，而主任也同意按照我們公司產品性能、規格來設計，吃一頓飯，實現雙贏，這就是飯局的價值。

各位要辦一個求人辦事的飯局，一定要師出有名，還要是跟對方有關的，不然很難邀出來。尤其一些有權勢的人，一般不願意參加，貿然接受邀請，很容易出問題，所以我們可以參考上述方向，巧妙布局，把對方約出來面對面溝通，達成自己的目的。

3 笨的人吃的是飯，聰明的人吃的是機會

前中國首富王健林在網路上說過一件事：有一次，他帶著一個年薪百萬的博士去應酬，王健林讓博士向對方主管敬酒，沒想到博士端起酒杯對主管說：「您請放心，我們一定把這個案子做好！」說完直接乾了，對方一臉尷尬。王健林回去就把這個博士給開除了。

這個博士學歷很優秀，專業技能很厲害，案子也做得不錯，可是他有一個致命缺點——不會應酬。不會說飯局上的開場白，是職場大忌。王健林帶他出去參加的目的，就是在考驗他能不能勝任這項工作，不過最後還是對他感到失望。

博士錯在說錯話。本來是普通吃一場飯，敬酒時為什麼非要提到工作？亞洲

國家在生意上的飯局，講究的是：喝酒就是談生意，酒喝好了，生意也就談成了。一上來就談工作，會讓客戶覺得這是一場鴻門宴，感覺好像是王健林別有用心才請他過來。開場一張嘴就把接下來的路堵死，對方還能喝得開心嗎？之後還會有輕鬆的氣氛嗎？想必不可能。

商場上，我們少不了喝酒，但酒桌上規矩多，尤其開場白、祝酒詞非常重要。人們都注重「開門紅」的說法，飯局進展怎樣，氣氛是莊重還是輕鬆，都由祝酒詞定調，只要第一杯酒喝好了，其他的也就好說。如果第一杯喝得不好，後面的禮儀和規矩再完美，也難以彌補。

如何說好開場白，喝好開局酒？只要記住兩個公式。聚會一般可以分為兩大類型：請親戚朋友的關聯型，和請同事、主管、客戶的商務型。

如果這頓飯是邀請親戚朋友，氣氛應以隨意輕鬆為主，其開場白公式為：感謝＋祝福。比如自己搬家，朋友來幫忙，晚上搬完家就順便請朋友吃頓飯，等到菜上了一點，酒也打開一瓶，這時你作為主方，要先端起酒杯，說幾句話：「今天非常高興，搬家很累，各位平時上班也很辛苦，如此情況下，在座的兄弟仍然義無反顧的幫我，萬分感謝，我們先乾了這杯酒，祝願我們友誼萬歲，事業越做越好。」

如果我們請的是主管、同事或客戶，很明顯偏商務、利益合作，飯局的功利性很強，但又不能直接凸顯，這時要用高尚的開場白掩藏功利性，但是也要讓參與者感受到我方價值，對彼此都有好處，才有合作空間，所以，**這類的開場白公式為：日期渲染＋感謝到場＋飯局主題＋祝福**。

原則上誰請客，誰致開場詞，也就是說，是我方最高職位者才有權致辭。此時就可以按照「日期渲染＋感謝到場＋飯局主題＋祝福」，這個公式，具體可以說：「金秋十月，是個收穫的季節，今天很榮幸能與王總及各位專家交流、彙報工作，各位認真負責的態度，和深厚的專業知識，讓我學習到很多，非常感謝。『古來聖賢皆寂寞，惟有飲者留其名』[2]，這杯酒敬各位，祝各位『直掛雲帆濟滄海』[3]，工作生活不斷攀新高。」

---

2. 出自〈將進酒〉，意為：自古以來聖賢都寂寞，只有寄情美酒的人才能名留青史。
3. 出自李白的〈行路難〉，意為：相信乘風破浪的時機總會到來，到時定要高掛雲帆，橫渡滄海。

雖然只有幾句話，但對一些未經訓練的人來說，倉促之間要考慮的面面俱到、言之有物，把酒桌氣氛點燃起來，也不是一件容易的事。凡事豫則立，不豫則廢。宴席開場白屬於定調之音，在開飯之前，我們應該備有方案，切不可臨時才想。

怎麼做備案？除了牢記兩大公式，還要遵循兩點：

第一，內容要積極正向。

開場白幽默風趣沒什麼問題，有時可能會令人難忘，但不可有挖苦和諷刺的意味。在眾人面前，講話內容如果有侮辱的意思，會讓人記恨很久。

第二，語氣要熱情，目光要環視全場，說話時伴隨手勢。

說話有氣無力，開場白再精彩也點燃不了他人的情緒。講話一定要熱情洋溢，聲音響亮清晰，語調高興，聽眾就會覺得我們熱情飽滿，有誠意，會對我們的印象加分不少。

用對熱情，能讓你發光；好的開場白能給人留下深刻印象。現在的職場、商務場合離不開飯局，已經成為每一個人無法避免的社交活動。如果你還以為吃飯就是要拚酒量，那就落伍了。**所謂飯局，笨的人吃的是飯，聰明人吃的是機會，**能言善道攢人脈。如何巧妙的開場，讓主賓雙方盡興，是一項很有價值的能力，祝願各位都能掌握。

4

點菜的規矩，看人下菜碟

如果有人問：「你會點菜嗎？」你一定說會，但你有信心你點的菜，一定能讓客戶和主管喜歡、滿意嗎？

實際上，很多人不太會點菜，甚至根本不知道如何點才好，畢竟商務活動的宗旨是「以客戶滿意為主」，但口味眾口難調，你想一桌菜讓所有賓客都滿意，確實非常難。

我帶的一個業務，今年都四十多歲了，每次宴請顧客時，要他去點菜，他都不願意甚至不敢，怕萬一一個弄不好，影響公司和他的形象，甚至讓賓客不開心，導致合作失敗。

我和我的父母姊妹，在同一座城市的不同地方生活，每個週日，我們固定會回家吃午餐聚一下，但上個月我媽的手臂受傷，於是老爸決定找飯店聚餐。

因為是老爸提議，且是由他聯繫，當然由老爸負責點菜。於是全家到齊開飯時，我發現他點的全是肉類，甚至有四個乾鍋菜[4]——乾鍋牛肉、乾鍋羊肚、乾鍋小雜魚、乾鍋兔，還有一鍋蘑菇豆腐肉丸湯。各位想像一下，一張桌子擺了四個乾鍋和一大鍋湯，五道菜幾乎就把桌面占滿了，老爸點的其他幾盤炒菜甚至擺不上去。於是一頓飯下來，喜歡吃肉的把肚子吃撐，不能吃肉的，比如我和我媽都是痛風患者，只能揀一點少得可憐的蔬菜墊墊肚子，不僅沒吃飽，反而餓得頭昏眼花。

我媽七十多歲，居然連飯都吃不飽，氣得當場數落老爸，七十多歲的老爸也知道自己點砸了，不敢吭聲。我呢，吃完飯，又找了個小吃店叫了碗麵，這頓飯才算吃飽了。

4. 川菜的製作方法之一，其特點是味道麻辣鮮香。

你看，年齡大不代表你會點菜，也不意味你點的菜能讓人滿意。如果你叫上桌的菜不適合，即使請客買單，也不能給對方留下一個好印象，簡直是吃力不討好。我有個同事，去開拓菸草市場時，費盡九牛二虎之力，終於把客戶請了出來。他問對方有沒有推薦的飯店，客戶說沒有，這個同事也沒有熟悉的餐廳，只好問計程車司機，司機給他推薦了一家海產店，同事也沒多想，就帶著客戶去了那裡。

由於同事自己不常吃海鮮，不知道怎麼點，就讓服務生推薦特色菜。於是，服務生說什麼，同事就點什麼，結果他和客戶加起來才四個人，卻點滿整整一桌，不僅吃不完，而且這些海鮮特別貴，四個人居然吃了一萬兩千元，這個同事有被當成肥羊宰的感覺，且金額超出了公司的報帳標準，不得不自己買單。我這位同事因為不會點菜，不僅沒有加深和客戶的關係，還失去了主管對他的信任。

點菜有哪些規矩？怎麼做才能令每一個人滿意？記住兩句話，你也可以是點菜達人！

第一句，看人下菜碟。第二句，遵循先冷後熱、三優三忌的原則和禮儀。

先說第一句，為什麼點菜要看人下菜碟。雖說人人平等，但是職位卻有高低之分，職位越高的人，手中權力越大，越能影響我們的工作結果，對職位高的人多一點尊重也是理所當然。但當我們真的對職位高的人多尊重、給好待遇，難免被人詬病，讓人覺得很勢利眼。

但是，看人下菜碟看似勢利，實則卻隱含著為人處世的大智慧。仔細想想，我們這一生中，會和許多人打交道，重要的、不重要的，支持你的、反對你的，對你情深義重的、對你虛情假意的，為你兩肋插刀、背後插你一刀……如果我們用同樣方式對待這些不同的人，我們就是不分輕重、毫無原則的爛好人，這樣其實是一個失敗的人。待人接物、吃飯點菜，面對不同的人給予不同待遇，才是分得清主次。

具體如何實踐？什麼級別就予以什麼待遇。

我們請客吃飯，如果對方是普通員工，則用普通標準對待，兩人一頓飯一、兩百元即可；如果顧客是中層管理者，吃個三五百元算是普遍行情；如果是高階主管，兩三千元是必須，這就是看人下菜碟，看級別定標準。

第二句「先冷後熱、三優三忌」又是什麼意思？在宴客時，我們普遍的習俗和規矩是：先上冷盤，接下來是熱炒，隨後是主菜，之後上主食，代表這個桌子的菜全上齊了。一般情況下，最後會上水果，暗示飯局已快結束，你們再聊幾句就離開吧。

先冷後熱是上菜的次序，那點菜順序是什麼？也就是三優三忌。

三優是指優先考慮的菜餚有三類。第一優是優先點中式特色菜餚。正常情況下，宴請的對象基本上是亞洲人，這類人顯然較習慣中式菜餚，也是絕大多數人喜愛和較習慣的口味，所以點菜優先點中式特色菜餚。

第二優是優先點本地的特色料理。比如在安徽，點上一道臭鱖魚；在西安，點個羊肉泡饃；在湖南，青椒炒肉必不可少；在北京，烤鴨和涮羊肉值得考慮。無論任何地方，都有本地特色料理，這些特色菜可以體現出主人招待客人的熱情、誠意。

第三優，是指優先點餐廳的特色菜。幾乎每間餐廳都有自己的特別料理，上幾道特別料理，不僅能說明主人熱情好客，還表現出對顧客的尊重，給人一種受尊崇的感覺。

三忌，主要是點菜的人在規畫菜單時，要提前主動詢問賓客有沒有忌口的。這些飲食方面的禁忌主要有三條。

第一忌是某些地區，或者有宗教信仰的人有飲食禁忌，比如，新疆、甘肅地區的人通常不吃豬肉也不喝酒。中國信仰佛教的人不吃肉食，甚至蔥、蒜、韭菜、芥末等氣味明顯的食物也不行，由於難以分辨對方是否有宗教信仰，所以在點菜前，我們一定要主動詢問，這既是禮貌也是對別人的尊重。

第二忌是由於身體關係，不能吃某些食物。比如，像我這種痛風的人，不能吃動物的內臟，也不能喝白酒；一些高血壓、高膽固醇患者，不能喝雞湯等。如果事前不問，而有隱疾的人又管不住口腹之欲的話，可能一時貪杯或貪吃，導致病情發作，反而把宴請的好意變成了壞事。所以，一定要問賓客有沒有什麼忌口，避免後續諸多麻煩。

第三忌是有些特定職業，在用餐方面有各自的禁忌。比如，我在一次「給留守兒童送溫暖」的公益活動中，作為工作的窗口，村主任看我們做公益的團隊忙到中午還沒吃飯，於是邀請我們一起用餐。在這類公務宴請時不准大吃大喝，也不能以自己喜歡喝酒為由，要求喝點小酒，這樣會違反政策，讓別人犯錯，實乃不理智。

商務接待無小事，宴請招待也要禮數周到，客人才不怪罪，所以，點菜事小，但想讓所有人滿意不容易，因此，點菜人一定要遵循看人下菜碟，看級別定標準和三優三忌的原則。當我們注意到並加以提醒和防範每一個有隱患的細節時，相信被宴請的人也會感受到我們的重視和尊重，自然對我們有好印象。

5 話題和菜色一樣，要事先準備

飯局吃的是飯，談的是感情和看法，謀的是合作和利益，所以僅僅把宴會中的談話理解為「表現自己的情感和看法」太片面，因為你還需要了解他人的看法和意願，才能有共識、達成合作。所以最好的飯局談話氛圍是雙方互換資訊、分享興趣和交流想法。

很多人參加飯局都會有這種感覺：和某些人談得很盡興，越談越投機；而和另一些人交談，總感覺很彆扭，不能暢所欲言。造成這種感受有很多原因，其中較關鍵的一個是氣氛活躍度，這要看宴請方是否把話題引導到對方感興趣、擅長的、喜歡談的、想了解的話題。

那麼，怎樣引導話題，營造一個良好、和諧的氛圍？抓住三個重點：

第一，提前準備幾個焦點事件、趣事、故事等。

朋友、同事相聚，最忌諱唱獨角戲。成功的社交模式應是眾人暢所欲言，各自表現出最佳狀態，達成自己想要的效果。為達到這一目的，就必須尋找能引起大家共鳴的話題。有共同感受，彼此才可各抒己見，談話才會熱烈。所以，你若是主辦者，一定要把活動內容同參加者的好惡、最關心的話題、最擅長的拿手好戲串聯起來，以免出現一個人興高采烈的說、其他人漫不經心的聽。

有一次我替廣東一家企業培訓，企業老闆和幾個高階主管晚上請我和助理吃飯。當我知道時，我就在考慮，雖然是對方的老闆請我吃飯，但畢竟還是我的客戶，我得做一些規畫，讓他感受到請我培訓帶來的超值收穫。

我設計的策略就是請教法，在飯局上當著其他高階主管的面，請教老闆：「現在市場競爭那麼激烈，你是如何做到逆勢飛揚，把兩三個人的小公司，帶到廣東省第一市占率？」每個人都有好為人師的一面，喜歡把自己最自豪、最光彩的部分展示給他人看。

我這樣請教，老闆很高興，一口氣說了十分鐘，講他是如何從小白到創業老闆。我則積極和他互動：「你對做生意如此有想法，成交案例也非常精彩，我強烈建議你把經歷寫成一本書，一是出書後能更好的透過案例，向你們的員工傳授你做生意的經驗，員工能有所借鑑，擁有更好的成長；二是出書有利於公司的品牌形象。我可以幫忙聯絡這件事情。」

老闆對出書有很大的興趣，於是，我和他之間的關係變得更加深厚，以前僅僅是培訓者與被培訓者的關係，現在還有客戶老闆委託我幫他出書的事情，合作多了，關係也更加緊密。這就是事前準備故事、焦點事件、對方關心的事的好處，它能讓你一下子抓住對方的心，輕鬆辦成事。

第二，交談要口語，不要官腔官調，並做一個好的傾聽者。

口語來自日常生活，它自然、靈活、通俗、生動，而且說話口語不僅僅是一種表達方式的選擇，更重要的是營造了一個自由、平等、開放的談話空間。我們很討厭別人官腔官調，一旦對方這麼跟你說話，你就知道已經沒有必要再談下去。口語營造出的親切氛圍，讓雙方更願意敞開心扉，拉近心的距離。

像朋友間閒聊的口吻，使宴請方好像在話家常，這個氛圍幫助客戶消除顧慮、放下擔憂，變得更放鬆。當賓客正在說話時，我們要做個好的傾聽者，時不時微笑、點頭，說一些贊同的話，如「是的」、「你這樣說沒問題」。傾聽不僅顯示出我方素養，更是一種禮儀和對他人的尊重，也容易得到別人的讚賞。

第三，引導目標人物多說，打開他的話匣子。

飯局上，想主賓雙方談話熱烈、氣氛活躍，我們要了解對方的愛好和興趣，並在此上做文章，比如對方喜歡唱歌，我們就可以針對一些歌手的八卦新聞和歌唱特點去閒談，我們可以問：「張總，很多人都說周杰倫是歌神，但是我總覺得他說話都說不清楚，他的歌究竟哪點好？」利用請教式找話題法，打開對方的話匣子。

除了用此方法，我們還可以用以下幾個方法：

第一，焦點話題法。選擇人們關心的焦點事件為話題，拋出一個觀點，引出大家議論。這類話題是大家想談、愛談，又能談的，人人有話，氣氛自然熱烈。

第二，投石問路法。朝河水丟一顆石頭，探測水的深淺，才能有把握的過河。與陌生人交談，可先提些投石式問題了解對方，再有目的的交談，比如在宴會上見到陌生的鄰座，可以先詢問：「您和主辦人是老同學，還是老同事？」再循著對方的回答聊下去，如果對方和你同鄉，還可以與其談鄉情。

第三，興趣愛好法。詢問對方的興趣，也能順利找到話題，因為對方對最感興趣的事，總是最熟悉、最有話可說，也樂於分享。如對方喜歡攝影，便可談取景，相機的選擇，各類相機的優劣等。如果你也對攝影略知一二，想必能聊得融洽；如果不了解，也可借此大開眼界。

但有時候飯局上是和陌生人在一起，想了解對方的愛好就有點困難，這就需要我們留意別人向自己介紹陌生人時的資訊。例如，當聽到「王先生生意做得很大，剛剛從美國回來」時，我們可以向他請教一些關於美國的見聞，還可以請他談談在那裡的感受，或者僅僅表示有機會聽這些消息，感到非常高興。這樣或許可以很快加深你對他的了解。

有時候，飯局中陌生人的資訊太少，我們便可以藉由談論自己的情況來激勵對方講述他的狀況。一般而言，自己說得越多，別人越了解你，而別人說得越多，我們就越了解別人，所以，是自己說還是讓別人多講，根據自己的目的決定和調整。

如果我們是主方，就盡量鼓勵對方多說，因為一般宴請賓客都是有求於人，或是想和別人建立一種信任關係，所以我們要把舞臺給客戶，讓對方成為主角，他勢必會感到愉悅。而人在心情愉快的時候，做出的決定也會充滿善意，更有利於我們的謀劃成功。

6 敬酒有公式，拒酒有四招

一般來說，酒桌上比較容易出錯，酒局名堂繁多，規矩複雜，稍微不留意就會犯錯。一般正式的商務酒局分成六個階段。

第一階段，開場的共同酒。喝多少得看主場，山東講究主副陪輪流領酒，共同乾杯；河北很多地方習慣共同喝前三杯。不同地方有不同規則，要注意。

第二階段，東道主開始敬酒。一般是東道主或主陪率先從主賓開始，依次向每一位客人敬酒。這個階段順序很重要，如果你是客人，千萬別在這個時候為了表示你的謝意去回敬主人，因為還沒輪到你出場。

第三階段，你作為客人，可以在此階段回敬，由你方領頭人，帶著大家先共同回敬，再分別敬酒，這裡也要注意自己在團隊裡的身分，如果有主管在，一定是主管先，下面的業務再跟著敬。

我公司的一個金牌業務，就曾因為在酒桌上犯忌諱而被開除。事情的起因是，我公司派出優秀業務團隊去山東工廠培訓，工廠設酒宴歡迎我們去實習。在酒桌上，東道主中職位最高的人敬了第一杯開局酒之後，第二杯是東道主中職位第二高的人敬祝酒詞，這在酒桌上叫副陪，山東酒桌的規矩是主陪（最高職位者）和副陪敬過酒之後，第三杯應是由被邀請參加酒局一方的最高職位者回敬東道主，第四杯才進入自由敬酒階段。

意外發生在第三杯。當東道主的主陪和副陪都敬完酒後，應該由我方帶隊主管回敬，大家一起喝第三杯。由於我方帶隊主管個性比較不慌不忙，而那位金牌業務恰好個性比較急，他看主管遲遲不回敬，以為山東酒局沒有這個環節，已經進入自由敬酒階段，於是就很突兀的站起來敬東道主的主陪。

表面上看起來沒什麼，但是嚴重違反規矩，從東道主的角度來說，「你有什麼資格敬我酒？你一個小小的業務就能直接敬我，這不是侮辱我嗎？」於是，東道主沒有接受，只是說：「不要急，等一會兒再喝。」金牌業務沒有敬成功，很尷尬。而帶隊主管認為他越俎代庖，不懂規矩，擅自做主容易給公司帶來危險，所以回去之後就向銷售總監匯報此事，他就被開除了。所以各位一定要注意，不要在這個階段犯錯。

可能有人會問，在酒局上，如果客戶和主管都在，我們應該先敬誰？如果先敬客戶，是不是輕視了主管；先敬主管，又怕怠慢客戶。其實先敬後敬不重要，重要的是怎麼敬，你可以記住兩個詞，分別是「榮幸之至」和「借花獻佛」。

如果先敬客戶，就是榮幸之至，你可以這樣說：「黃總，經常聽張總跟我們說以後要多向您學習，今天能跟您一起吃飯，我們感到榮幸之至，也當著我們主管的面敬您一杯。」

如果先敬主管，敬完則要馬上敬客戶，就用「借花獻佛」，你可以這樣說：「黃總，感謝您對我們的栽培，更感謝您給我們這樣的機會與張總共進晚餐，我們敬您一杯。張總，我們今天借花獻佛敬您一杯，希望在以後的工作中，您能給予更多的指導，多提寶貴意見。」這個環節結束，就到了酒局的第四階段，喝主題酒和重點酒。根據被請者與主題的關係，把主題點出來，使桌上人明白為什麼喝這場酒。

第五階段就是自由酒階段了。跟誰個性相投，過去跟他喝杯相見恨晚酒；跟誰還有未了的話題，可以用酒來討教，尤其是有工作任務在身的，一定要抓緊時間談。業務的酒局，往往都是有重要目的，所以前面幾個階段，我們按照基本步驟走即可，因為我們的本意是借助酒桌，傳遞某個物品或提出某種需求，只要能成功傳達給客戶，這場酒局就算成功，相反，酒喝得再好，但是沒有達成目的，也是無用功。比如，本來想透過酒局催貨款，但是飲酒過度，客戶喝多了，沒有承諾要給貨款，這場酒局就失去價值。

有一次，我去貴州找某客戶催貨款，就把客戶請出來。對方帶了三個同事，但因酒局上只能喝酒聊天，不能談催款項的事，所以我就一直等機會。酒過三巡，客戶要去上廁所。他前腳剛走，我後腳便說肚子痛也要去。在廁所裡，我向客戶說了一句話：「張總，貨款的事情麻煩你幫我處理一下，我這裡的提案是還金額的三〇%給你。」

客戶聽了之後，「嗯」了一聲，表示知道了，於是我知道這個酒局的價值和目的已經達成。果不其然，第二天我去客戶公司，對方的財務部很爽快的把拖欠不還的貨款給我。所以，實現目標，才是銷售人員辦酒局的意義。

第六階段，也就是酒局最後，差不多該散席了，主陪一般都會出來講講話，大家「各掃門前酒，共喝滿堂紅」。這杯喝下去，意味著宴席正式結束。

以上是正式的喝酒流程和敬酒節奏。中式酒局，舉手投足間皆為人情世故，除了流程和節奏，還涉及一些禮儀、勸酒和拒酒的技巧。

先說說敬酒禮儀。**不是所有酒局都需要輪番敬酒，一般聚會，大家集體敬一次就可以了**。另外，還需要顧及客戶、高層的酒量，對於酒量一般的人，你不敬他酒，他還會感謝你，你多次敬他，他反而覺得你是故意刁難。

自己職位低的時候，記得要多給主管和客戶添酒，不要隨便幫忙代酒。我們公司之前有一個業務，跟高層一起出去請合作方吃飯，因為主管酒量不是很好，客戶又一直勸，他覺得這是個表現機會，可以幫忙擋，但是他當時說的一席話，讓主管非常不高興，他直接講：「不好意思啊張總，我們主管酒量不太好，我替他喝吧。」在公共場合，主管最忌諱的就是暴露缺點，所以回去的時候，他就把這個業務罵一頓。

要怎麼說才能既顧面子，又不讓敬酒的人尷尬？你可以這樣回：「主管，張總今天安排得實在是太到位了，尤其這瓶酒真的很不錯，您看能不能讓我多分享兩杯。」強化自我意願，先誇讚再請示，既照顧了面子，又給了對方臺階下，皆大歡喜。

如果沒有特殊賓客在場，敬酒應以年齡大小、職位高低等為先後順序。當然，如果是平輩或同事，按座位順序就好了，可按照逆時針順序來坐。注意一定要把握好次序，切勿中途顛倒。桌上不談生意，不談需求，但不代表你什麼都不說明白，辨酒局的目的，還是要私下找機會跟主事人說清楚，一、兩句話點明主旨，然後迅速回到酒局中。席間，如果說錯話或辦錯事，不要申辯，可以自請罰酒，活躍氣氛。

如果被邀請的客戶或者主管較多，你的酒量一般，也擔心自己一個人面對一群賓客、主管，可能會把場面搞砸，這時可以請一個比較能喝的同事和你分攤敬酒，並提前跟大家說清楚，比如，「我跟某某一起給大家敬酒，某某就代表我，我就代表某某，也就是說，我敬過了某某就不用敬了，某某敬過了我也不用敬了。」可以避免喝過多，也較能得到大家的諒解。

敬酒不要圖快，一定要把握好時機，等到職位比自己高的人敬過之後，你才可以跟上。**向主管敬酒時要站起來，右手握杯，左手墊杯底，自己的杯子永遠要**

低於別人。敬別人酒時，如果碰杯了，切不可比對方喝得少，未碰杯則視情況而定。還有一點要提醒，主管在和客戶交談時，一定不能打斷，如果你想敬酒，要等大家閒下來時再去，因為如果雙方正談到某個關鍵點，你盲目過去，很可能會破壞好時機。

說完敬酒禮儀，很多業務最頭疼的是不知道該怎麼說敬酒詞，這裡提供幾個公式。一般敬酒的場合分為兩種：敬主管和敬客戶。

首先，給主管敬酒，可以用這三個公式：

公式一：讚美＋感謝＋敬酒。

你可以說：「張總，公司在您的帶領下有了巨大變化，我加入公司以後，得到很多鍛鍊機會，非常感謝您，也很榮幸能加入公司、遇到您，這杯我敬您！」

公式二：讚美＋回憶＋敬酒。

你可以說：「張總，我敬您，您是我見過最有耐心的領導者，記得我剛來公司時，什麼也不懂，是您特別有耐心的教導我，非常感謝，祝您事事順意！」

公式三：表態＋敬酒。

你可以說：「張總，我敬您，接下來的日子，我們一定好好努力，早點完成公司給我們的任務，也祝您身體健康，事事順意！」

敬客戶也有公式：感謝＋謙虛＋展望未來。

一般我們敬客戶，都會表達長期合作的期許，所以我們可以這樣說：「王總，感謝您對我工作的信任和支持，之前有什麼做不好的地方，還請您多多包涵，如果您有什麼意見或建議，請務必告訴我，我一定虛心接受，也希望我們以後的合作更加愉快。這杯酒敬您，祝您新年快樂。」

說完了敬酒禮儀，我們再聊一聊倒酒方式。這在酒局裡也必不可少，大家必須了解清楚，避免犯錯。

倒酒站位：出於禮貌，**應該走到對方身邊**，而不是在別人的對面拿著他的杯子倒。

倒酒的量：我們知道「杯滿為禮，不溢為敬」，但是通常**只要倒八、九分滿**

就可以了，這樣端起敬酒時也不會灑出來。

倒酒姿勢：倒酒時要注意力度，緩緩注入，在快要結束、瓶口抬起來時，把酒瓶旋轉半圈，讓瓶口上的酒滴沿瓶口自然流淌下去。

最後就是如何拒酒。拒酒有個禁忌：不要東躲西藏，更不要把酒杯倒扣，或將他人所敬的酒悄悄倒在地上。

在自己無法喝酒的情況下，應主動要一些非酒精飲料，並說明原因，但不要說太多，態度真誠禮貌。在這裡，我也教你幾個婉拒的方法。

第一招是態度很想喝，但客觀條件不允許。例如，你可以講：「今天好不容易大家聚在一起，真的很開心，本來想跟大家一醉方休，不醉不歸，可是我前段時間剛好做了一個手術，醫生說不能喝酒，所以我今天給大家承諾，等我病好了，一定再請大家聚一聚，到時候我們不醉不歸怎麼樣？」

第二招是找好同盟。在開局前先找朋友或同事商量，如果有人來敬酒，你的朋友或同事可以對對方說：「小張不能喝酒，他酒精過敏，上次跟他喝完直接送醫院，渾身起紅疹，嚇死我了，來，咱倆喝。」

第三招是製造新難題。比如，你說：「我中午十二點還要趕回去開會，跟主管彙報資料，如果您幫我把這個做了，別說一杯酒，就是一壺酒我都陪您。」這裡千萬不能說自己昨天喝太多，今天不能喝，或者晚上還有局，現在就不多喝，會顯得這個局的人不重要，讓對方多想，從而心生不滿。

第四招是表達恐懼。比如，有人過來敬酒並說：「你不喝就是看不起我。」你則可以回：「兄弟，不是我不跟你喝酒，我可是把你當君子的，君子之交淡如水，以茶代酒也很美，只要感情有，喝什麼都是酒。」我們可以說一些幽默的話，再端上酒杯一飲而盡，當然，酒杯裡裝的是茶水。

如果對方一直勸，該怎麼辦？你可以這樣答：「兄弟，我不是不想跟你喝，是身體狀況真的不允許，我喝完這杯酒之後就要直接送醫了，我不是怕死，我是怕連累大家，而且我也不是看不起你，我是看不起病。」一定要說一些風趣的話緩解氣氛，**給對方臺階，也給自己找好理由，才是最好的婉拒方法**。

酒桌上我們可以不喝酒，可以婉拒，但是我們不能當「大爺」，我們最好做酒桌上的服務生，比如專門幫人倒酒，或者講幾段笑話活躍氣氛，這樣婉拒時不僅不會讓你脫離場面，相反的，由於你有給桌上每一個人倒酒的機會，你便成為不可或缺的人，這樣的婉拒不僅體面，讓人容易接受，而且對酒桌上的其他人更有價值，也更能融入談話中。

7 讓對方不得不幫你

為什麼會哭的孩子有糖吃？為什麼你為別人付出越多，對他越好，就越得不到他？

很多人對開口求人有個誤解，認為這樣好像低人一等，還會給對方帶來麻煩，怕對方對自己反感，因此很多人習慣所有問題都自己扛。這樣的誤解會讓自己的生活變得簡單，是件好事，但同時也會失去發光發熱的機會。實際上，開口求人不僅不會給對方帶來麻煩，反而會給對方一個與你親近、成為朋友的機會，這在心理學上叫富蘭克林效應（Ben Franklin Effect）。

一七三七年，還未成為美國國父的班傑明．富蘭克林（Benjamin Franklin）第二次被提名為賓夕法尼亞州（Pennsylvania）議院的議會祕書，另一位議員反對，還發表了一篇演講，強烈批評了富蘭克林。

富蘭克林有點措手不及，但又想爭取這位議員的支持，怎麼辦？他無意中得知，這位議員家裡正好有一套非常稀有的圖書。於是他十分誠懇的寫了一封信，厚著臉皮向對方借書，沒想到對方竟然同意了。一週後，富蘭克林還書時鄭重的表達了謝意。

幾天後，當他們再次在議會廳見面時，富蘭克林這樣描述：「他竟然主動跟我打招呼（以前從來沒有過），後來我們交談，他還表示任何時候都願意為我效勞。」從此，富蘭克林和這位議員化敵為友，保持著一輩子的友誼。

這就是富蘭克林效應，相比被你幫助過的人，那些曾經幫助過你的人，會更願意再次協助你。這是一個顛覆很多人認知的理論，心理學家們根據富蘭克林與議員交手的案例，得出一個結論：**讓別人喜歡你最好的方法不是去幫助他們，而是讓他們來幫助你**。

所以，關係是開口求人麻煩出來的，如果你理解這個道理，無論是在工作還是飯局，我們都可以利用富蘭克林效應尋求合作，拓展人脈。有人可能會說，道理都懂，但是在飯局中，如何做到開口，別人就能愉快答應？否則被拒絕多不好意思啊！

實戰中，學會這兩招非常有效：

第一招，以情感人。以正向語言，引導對方主動幫你。

《鬼谷子》中說，人類的語言分成陰、陽兩種屬性，長生、安樂、富貴、尊榮、顯名、愛好、財利、得意、喜欲等有美好寓意的語言為「陽」，也就是人生嚮往型語言；死亡、憂患、貧賤、苦辱、棄損、亡利、失意、有害、刑戮、誅罰等有消極寓意的語言為「陰」，也就是人生忌諱型語言。我們可以用人生嚮往型語言，說服對方進行某事，以談論積極的因素、振奮人心的方面來開始遊說；用人生忌諱型語言影響對方中止做某一件事。

亞洲人有個習慣，生活也好工作也罷，只要遇到困難和矛盾，都喜歡辦一場宴席來解決，但怎麼吃卻大有學問。

首先要記住，不要過早暴露你的想法，我們吃這頓飯是為了熟悉彼此、增進感情，再談合作才順理成章，所以開局氣氛要熱烈，說一些推崇、感謝的話，期間你要輕鬆的找共同話題，閒聊時不能只聽不說，但也不能刻意奉承。我們可以在對方擅長的領域多請教，然後順其自然的敬酒：「您真是閱歷豐富。」

其實請人辦事，只要人來了，就已經表明態度，入局的人都懂，為什麼來大家也心照不宣。所以建議在酒過三巡、菜過五味，每個人都有點醉眼朦朧的狀態下，把你的目標人物單獨邀請到一個角落，再描述一下事情，但切記不要提要求，話留一半，才能最大限度消除對方的戒心，並贊同我方的提案。

二〇一五年我去新疆銷售某個設備，當時拜訪某大學基礎建設辦公室的劉工，去了兩次之後，我把對方約出來吃燒烤，在快結束時，我就對他說：「劉工啊，我跟你說句我的心裡話，這是我第一次到新疆烏魯木齊，你是我認識的第一個客戶，也是我在這裡的第一個朋友，我覺得我們兩個談得很投機，這份緣分和友情真的來之不易。我呢，是安徽人，也不會在烏魯木齊待很久，可能再待一年就回去了。你記住我今天說的話，你以後如果出差到安徽，不管怎麼樣都一定要打給我，讓我盡地主之誼。」劉工聽了非常感動，從那之後，他就把我當成朋友，在後續工作對我多加照顧。這就是飯局上以情感人的價值，不花多少錢，卻能辦大事。

第二招，依據承諾與一致原則，用順推法巧妙開口，讓對方不得不幫你。

你有沒有固執的時候？有沒有自己做出一個選擇，在進行到一半時發現選錯了，但是因為是自己選的路，所以儘管非常痛苦，含著淚也堅持把它走完了？

或是你到一家水果攤前想買橘子，但還沒下決心，這時老闆笑容可掬的說：「這顆橘子很甜，你嘗一下吧，沒關係。」然後熱情的遞給你一顆。你接過來嘗了一下，老闆問：「怎麼樣，還可以吧？」面對老闆猶如春風拂面的笑容，你可能出於禮貌回答：「還可以。」接下來，你有非常大的機率會買下幾顆。

無論是「自己選擇的路含著淚也要走完」，還是因為吃了水果攤老闆的一顆橘子，說了一句好話，最後礙於情面不得不買幾斤，這些平常看起來不起眼的小事，其實藏有個重要的心理學原理，叫承諾與一致原理（Commitment and consistency），是指一旦我們做出一個選擇，或採取某種立場，接下來的行為會盡可能符合自己的承諾。

此原則應用在銷售中，就是銷售人員要先讓客戶做出承諾，然後對方的言行會盡量與承諾保持一致並兌現。飯局中，我們也可以用此原則，先讓對方肯定某件事，再順著他的肯定，讓他答應幫助我們。舉個例子：

我：「張哥，你剛才說，你有個同學在市環保局工作？」

張：「是啊，我們是青梅竹馬，有什麼事情說一下，保證沒問題。」

我：「我們公司正好有個新建的小專案，需要做環境影響評估，看能不能麻煩你給他打聲招呼，我去看看要辦一些什麼手續？」

一般情況下，我們依據承諾與一致原則，讓對方肯定某事之後，再開口求他，對方十有八九會同意，否則豈不是失信於人，自己打自己的耳光？

所謂親近，就是親著親著就近了。各位，藝不在多而在於精，不管你是內向還是外向，你都要知道，主動找別人幫忙，是與其親近的一條捷徑。你不主動麻煩對方，和對方失去交流，就沒有感情；而你主動詢問，一來一往互動多了，就有了情感。如果和對方建立了良好關係，之後只要掌握以情感人和承諾與一致原則，你就能在談笑間，讓對方不知不覺答應你的請求。

8 伴手禮，先買對的後買貴的

親戚朋友生病，你總不能空手去看望，最少要帶一束鮮花表達心意；主管、同事搬遷升職，你去賀喜，總得包個紅包，以表誠意。人與人之間的感情，只憑兩張嘴是無法建立友好關係，所以我們仍需要運用一些小禮物來經營。但人往往又很矛盾，對方想要卻不好意思，表現出不願接受的樣子，這就要求我們在送禮時，得講究一點技巧。

送禮是一種習俗，也是現代社會拉近、改善關係的媒介，送給誰、送什麼、怎麼送等都有約定俗成的規矩，絕不能胡送、濫送，否則會事與願違，甚至招惹一身麻煩。比如，過年了，你送家裡老人一個鐘錶，那鐵定會被拐杖趕出來；在上海，有個人帶了一袋蘋果到醫院探望病人，正巧病人是上海人，而上海話中，蘋果跟病故二字發音相同，這豈不是咒人家病故？由於送禮人不了解情況，結果沒有傳達到心意，反而鬧得不愉快。

飯局中送禮，更具目的性，因為客戶對我方已經心動，所以願意參與宴席，而我方的目的不在吃飯、喝酒，也不在送禮，而是事情能否有結果，即使當下沒談成，也要為日後的機會留下伏筆。

所以，餐桌上送禮要具備兩種效果。第一種，錦上添花型，當飯局中主賓已經敲定大局時，送禮只是讓客人多一分好感，加強合作的意願；第二種是一錘定音型，當對方處在觀望猶豫階段，我方送禮則要貴且準，起到敲定結果的作用。以下詳細介紹：

第一種錦上添花型。

飯局也好，工作也罷，我們最好在與有業務利益往來的人溝通時，常備薄禮。很多人可能會不解，甚至抱怨：「偶爾送一次可以，經常備小禮物我可吃不消，積少成多也是一筆大錢啊！」在此，我要很鄭重的告訴各位，有些事情、道理，現在不懂，但是當我們懂的時候，可能就錯過了，所以我講一個真實案例讓你明白，不管你有多少顧慮，想在業務這塊比別人走得快、賺得多，你就必須經常送伴手禮給客戶。

我在二〇二一年替安徽的一家電力設備企業做銷售培訓。這家企業年銷售額在五億元左右，老闆是個女企業家，五十歲上下，我問她：「妳在拜訪客戶時，經常送伴手禮嗎？」

她說：「當然了，陌生客戶我也送，不然誰理你啊。」其實我拜訪了不少於一百位企業家，都問過這個問題，他們也坦承經常贈送禮品。

為什麼這些企業家都要送東西？因為小禮物能觸發心理學上的互惠原則（reciprocity），即如果一個人對我們採取了某種行為，我們也應該報以類似的行為，否則會有愧疚感和負債感。

即使是陌生人，哪怕是一個不討人喜歡或不受歡迎的人，如果先施予我們一點小小恩惠，再提出自己的要求，也會大大提升我們答應的機率。即使這個好處是不請自來，我們仍會有負債感，所以給予小恩小惠，就會觸發互惠原則，對方一定會回報我們，而且是超值回報。

既然要送，**那該送什麼？記住一個標準：先買對的，後買貴的**。所謂對的，是指對對方而言有用的，例如吃的、玩的，以及對他人工作或娛樂有價值的。比如吃的，便宜的有口香糖、巧克力、砂糖橘等，貴的有茅台酒、龍井茶等；玩的、低價的有給對方小孩的玩具槍等，貴的有紫砂壺、手鏈等；對工作或娛樂有價值的，像車用音樂播放器，一個十多元，送給客戶開車時解乏，也是不錯的選擇。貴的就不用多說，一只手錶幾千、幾萬、幾十萬都有，茶葉一斤幾百、幾千的也多的是。

買對的，前提是我們知道對方喜歡什麼，然後投其所好，這是第一選擇。客戶喜歡釣魚，我們送個好釣竿；對方喜歡讀書，我們送某知名作者的親簽版。我曾經拜訪客戶，得知對方有個小孩正在讀小學三年級，於是在飯局中，我就送給他一部小孩用的學習機，客戶收到後很高興，因為他的孩子要了很多次，他都沒時間去買，而我直接送了一部市場上最好的給他，讓他滿足自家孩子的願望，讓孩子更親近自己，這比什麼都好。

如果臨時約一個重要的飯局，實在不知道來客的喜好，怎麼辦？那就送貴的。比如，位於異地的客戶總經理突然來我的城市出差，我知道後該怎麼做？首先，不管他有沒有預訂住宿，都要第一時間歡迎他，然後表態：「我幫你訂飯店。」記住，一定要訂大家都知道、著名、豪華的飯店，比如香格里拉等，這是尊重、在意、關心對方的一種表現。客戶因出差來這裡，可能已經訂好了，但是，幫客戶訂最好酒店的這句話，我們一定要說。

住宿最終可能不需要我們解決，但是一定要約吃飯。人在陌生城市裡，心理上通常會脆弱一點，這時我們借助飯局，更容易深入了解客戶內心。約好後就要準備禮品，如果不了解他的喜好，那就一定要送貴的，因為越貴越有價值。

人人都有好奇心，我們收下禮物之後，私底下會想查一下價格，想像一下，你送給總經理的居然是一盒七十八元的茶葉或一瓶酒，這不是侮辱總經理嗎？最後這份禮不僅沒達到效果，對方還可能就此把你加入黑名單，再也不和你合作。記住，我們是做生意的，如果小氣對待別人，你覺得能做好生意嗎？

送禮要麼送對的，要麼送貴的，別掩耳盜鈴，送一些便宜的給顧客。對方不傻，沒有達到他的預期，就是對方關起合作大門的時候。所以，別走了九十九步，卻在最後一步跌倒。

第二種一錘定音型。

有學員曾諮詢過我一件事情：他有個客戶，其每年總採購額約有五百萬元，但是只從他這裡採購約一百萬元，學員想擴大自己的占比，就約女採購經理週日出來吃頓飯，對方也同意。但是這個學員發現，採購經理自從週日的飯局後，與他越來越疏遠，給他的訂單也越來越少，於是，他詢問我為什麼會這樣。

我問他：「吃飯那天你和客戶說了什麼？做了什麼？」他說：「就談了一下我們的產品很好，感謝照顧，希望以後多支持我，其他的就什麼也沒說、沒做。」我跟他講：「這就是你的問題。想一想，一個採購經理，她放棄週日和家人團聚時光，甚至冒著被老公猜疑的風險來見你，不就是想從你這裡得到什麼嗎？結果你什麼也沒給，她才會疏遠你啊。」

學員問：「她究竟想得到什麼？」我告訴他：「一個業務能給的，不就是一個好方案嗎？你想要更多的訂單，那為什麼不給對方更多？」每個人參加飯局，都有自己的考量和期望，如果期望滿足了，這場飯就有價值；如果沒有，那就是浪費時間。所以，我們銷售人員一定要預判客戶參加宴席，究竟想要什麼，然後再送出去，這樣就能一錘定音、敲定合作。

天下熙熙，皆為利來；天下攘攘，皆為利往。我們業務不僅給人以名，還要好好琢磨，如何送人以利，來利他利己，以「利」一錘定音。

9 聰明女人的飯局應對法

這一節內容，是我專門為女性業務寫的，希望跟大家分享一下，女性在飯局裡的應對技巧。

其實在宴席上，女性占有得天獨厚的優勢，只要利用得好，可以無往不利。聰明的女業務往往更能成為飯桌上把握節奏的人，只要掌握好應對技巧，既能保護好自己，又能抓住別人可遇不可求的機會。

首先，在獲得邀約時，一定要先學會判斷，哪些可以參加，哪些可以婉拒。職場上要懂取捨，同樣，面對飯局邀約，也要懂得放棄低品質的飯局，多參加高品質的飯局，才能不斷提升自己的人際關係。

參加飯局前，先打聽一下有哪些人。如果有和妳同工作領域的前輩，便可以多參加，如果有不同領域，但是能幫到妳的人，妳也可以答應出席，這些人雖然不會直接給妳提供工作上的經驗，但是見了面，以後辦事可能會更方便。

其他那些並不能給妳實質幫助、低品質的局建議不要參加，也盡量不要參與一些人品差，或公司裡口碑很差的人，單獨請女業務的局，這不能給妳帶來幫助，還可能會被故意刁難，一無所獲。

比如，一些素質低的採購員、技術人員，常藉口能幫到妳，要請妳吃飯，實際上在談話間對女性言語騷擾或性暗示，而女業務擔心拒絕會影響生意，但不拒絕，這樣語言性騷擾又讓人很崩潰，所以，不如及早避免。

其次，事前規畫喝酒或不喝，並做好準備。如果不喝，拒酒要講究策略，妳可以使用這四個方法：

第一，煙霧障眼法。如果不想喝，一開始就要反復強調，最有用的理由就是「我今天身體不舒服，特殊時期」、「現在在備孕」、「最近在喝中藥調理身體」等。只要演技到位，沒有人會逼著抱恙、備孕的女性喝酒。

第二，偷梁換柱法。一定要知道自己的底線，哪杯必須喝。你喝白酒，我跟你喝紅酒；你喝紅酒，我用啤酒跟你喝。跟隨多數人喝的，就啤酒換茶水，白酒換開水，身邊放個垃圾桶，喝一點，倒一點。幾圈下來，喝不下去了，就藉口去廁所，能躲多久就躲多久，不然就去櫃臺點杯果汁，預估大家喝得差不多，該散場了，再回去收個尾，喝不醉，氣氛也不尷尬。

第三，移花接木法。喝了不要立刻嚥下去，可裝作用紙巾擦嘴，趁機吐到上面。桌前放兩個玻璃杯，一杯放白酒，一杯放水。到酒桌上主客基本喝到八分醉時，可用水代酒。如果被識破也沒關係，點頭微笑，再把酒換回來。

第四，花言巧語法。如果以上策略都沒有用，能耍賴就耍賴，能拖延就拖延，能乾小杯就不要乾大杯，能小口喝就不要大口喝。沒酒量但是懂得運用智慧，巧用女人的優勢，也能聰明躲酒。需要注意的是，雖然不喝酒，但是話要說到位，妳不能悶悶坐在那裡不說話。

有時候主管請女同事過去，是希望可以活躍一下氣氛。主管也不一定非要妳喝，把話說到位了，不喝酒也沒什麼大問題。妳可以提前想好祝酒詞，或者先了解一些賓客的背景資訊，言談可以做到有的放矢。很多時候，女性只要掌握三大祕訣，就能成為飯桌上最受歡迎的人。

第一，在適當時機，配合微笑或大笑。充當氣氛渲染者，當聽到有意思的地方，給予互動和配合，這會鼓舞一些特別喜歡在酒桌上展示自己幽默的男性。

第二，用專注的眼神看別人，傾聽別人講話，並且時不時點頭。眼神要透露出妳在思考，仔細在聽對方說什麼，會讓人覺得妳態度謙虛，加上時不時點頭，對方也能感覺到自己被尊重。

第三，在恰當時機，說出點睛話語。妳在飯桌上，要學會捧，男性也會因此更有成就感，而且捧哏式話語，有共鳴、有趣、有料，能讓人看到妳的智慧，了解妳的魅力，更替妳加分。

我之前認識一個女銷售人員，她在飯局上只會講三句話，但幾乎所有跟她吃過飯的人，都對她評價極高。那三句話分別是「您接著說」、「後來呢」、「哇！好厲害」。妳想想看，如果一個人說話沒有得到應和，想必會失去聊下去的興致，要是有人能適時墊上一句話，話匣子豈不是又打開了？

說完不喝酒的應對策略，那如果要喝酒，職場女性又要如何做？

首先，不喝第一口酒，就算自己很能喝，也要稍微顧慮一下，棒打出頭鳥，低調才是不被灌酒的不二法門。其次，保持態度溫和有禮，他強任他強。最後，強化女性標籤，懂得示弱，不要跟男士拚酒，更不要主動勸酒。

如果遇到惡意灌酒，可以用以下方法應對：

第一，沉默加微笑。如果有人不懷好意、想灌妳酒，妳不要做過多解釋，簡單說理由，然後保持微笑。不要發怒，也不要拚命找各種理由，從始至終堅持一種即可。因為妳越找理由，越能激發他的鬥志，他會不達目的不罷休。妳微笑、不理他，他覺得沒意思，就不會再勸妳。

第二，激將法。這種方法殺敵一千，自損八百，慎用。

如果妳有一定的酒量，有人拚命想灌妳，就一次搞定他，讓他下次見到妳就怕。當然不是說要硬拚，這講究技巧。比如這樣說：「我酒量真的不好，但是您讓我喝，我還是得給您面子。這樣吧，大家來做證，您大人有大量，我喝三分之一杯，您喝一杯，怎麼樣？或者說，我喝一杯啤酒，您喝一杯白酒？又或者我喝一杯白酒，您喝三杯，您大人有大量，應該不會跟我計較吧？」假如妳能喝三杯白酒，他就要喝九杯，九杯最少約五百毫升，一般喝完就倒，所以灌妳酒的人絕對不敢拚。

別人會惡意灌人酒，是因為不用付出代價，或代價在他能承受的範圍之內，但若自己要付出無法接受的慘重損失，任何人也不願做這種吃虧不討好的事。

有句話說：「境由心造。」社會是什麼樣子，是由我們對它的態度決定。同樣，飯局會有什麼結果，也是由我們怎麼看待，又如何在其中表現決定的。所以心存善念，做善事，不打無準備之仗，對可能突發的惡意勸酒、灌酒，早做心理準備和應對策略，如此，女性業務也能駕馭一場商務宴席。

第 5 章

最高明的說服——攻心

1 說服核心，在於攻心

三國時，諸葛亮率大軍遠征盤踞在雲南、貴州一帶的反叛頭領孟獲，馬謖前去送行。路上，諸葛亮問馬謖有什麼建議。馬謖說：「雲南孟獲依仗路途遙遠，地形險要，一直以來不願意歸順朝廷。即使今日擒獲他，使他暫時降伏，等到明日，他又會反叛。」接著，馬謖很鄭重的說：「用兵之道，攻心為上，攻城為下。收服孟獲的心，才是上策。」

諸葛亮深感馬謖言之有理，就重視攻心戰術的運用。他七次抓住孟獲，又七次釋放他。孟獲想方設法與諸葛亮鬥勇鬥智，都不能取勝。最終孟獲心服口服，誠心歸順諸葛亮，一直到諸葛亮去世，孟獲都未敢謀反。

在職場、商務活動等社交場合，我們需要說服的對象可能是主管、同事、顧客、面試官……想要有效說服他人，爭取別人的贊同及支持，僅僅觀點正確還不行，還得掌握一些策略。

有家生產啤酒的大工廠，某日來了一位怒氣衝天的顧客，他不客氣的對工廠裡的負責人說：「我在你們生產的啤酒中發現一隻活蒼蠅，我要求你們賠償我的精神損失。」之後提出一筆很大的賠償金額。

其實啤酒生產線的衛生管理相當嚴格，根本不可能有活蒼蠅在裡面。由於擔心這種事鬧起來會影響公司商譽，這位負責人沒立即揭穿那人的騙局，只是很有禮貌的請他到會客室裡，那位顧客邊走還邊破口大罵。

當這位顧客第三次提出抗議並要求賠償時，負責人很有風度的為對方倒了杯水，然後慢條斯理的說：「先生，看來真有你說的那麼回事，這顯然是我們的失誤。你放心，你會得到合理的賠償。由於問題事關重大，我們絕對不會忽視。你稍等一下，我馬上下令關閉所有機器，以查清錯誤原因。因為我們公司有規定，哪個生產環節失誤，就由哪個環節的負責人承擔，待我把那名失職的主管找出來，讓他給你賠禮道歉。」

說完後，負責人一臉嚴肅的命令一位工程師：「你馬上去關閉所有機器，雖然這會造成上千萬的損失，即便我們的生產流程不可能會有這種失誤，但這位先生既然發現了，我們就有義務給他一個滿意的答覆，另外，你把公司律師也請來，如果是我們的問題，商討一下如何賠償給這位先生。」

那位顧客本來只是想用「有蒼蠅」的藉口敲詐一些錢，但沒想到會引起如此嚴重的後果，頓時擔心自己的花招被拆穿，即使傾家蕩產也賠不起。於是，他開始害怕，說：「既然事情這麼複雜，我想就算了，只是希望你們以後不要再發生類似的事情。」他給自己找了一個理由，想拔腿走人。

那位負責人叫住他，誠懇的對他說：「感謝您的指教，為了表示我們的感激，以後您購買我們的產品均可享八折優惠。」這位顧客沒想到會得到意外收穫，從此就為這家公司義務宣傳，讓更多人了解此公司的產品品質優良。

在這個案例中，高明的負責人面對來勢洶洶的投訴者，並沒有急於用事實去反駁，而是掌握對方的心理，用話術恐嚇對方，從而讓投訴者知難而退，再反過來用懷柔策略，感動投訴者，使其成為公司最忠心的廣告宣傳大使。這就是用攻心術說服人的超高價值。

人的行動來自大腦的指令，而指令來自我們的心。心有所想，大腦向身體發出號令，身體接收後，才會有所行動。所以，擒賊先擒王，想說服他人，我們必須學會攻心，讓對方心悅誠服，自己說服自己。

如果你是一名保險業務，當你去見客戶時，對方心裡可能會不由自主的想：「這傢伙又要騙我買他的保險。」這時你該怎麼做？如果你是一名頗有經驗的保險推銷員，對方一定會更加防範，你又該如何應對？

一位平時很節儉的老先生有一輛老舊轎車，這輛車經過多次修理，已經很難再發動，於是有許多汽車業務整天圍著他推銷新車，他們與老先生一見面就自吹自擂，強調自家產品的優點，每次只會說：「你這輛老爺車早就該進博物館了，開這種車實在有失你的身分。」或是說：「你不如把修車的錢存起來買輛新的，這樣才划算。」

這位老先生每次聽到這些大同小異的推銷話術很反感，最後導致他有強烈的防範心理，一看到業務轉頭就走。最後，只要業務一上門，他就會想：「這傢伙就是看上了我的錢包，我絕不會上他的當。」

有一天，又來了一名新業務，老先生的第一反應是：「騙子又來了！」然而，出乎意料，那名業務並沒有向他誇耀自己的產品，而是很仔細的看了看老先生的舊車，然後誠懇的說：「先生，你這輛車保養得很好，起碼還可以用一年半載，似乎不太需要立刻買新車。過半年再買也不遲。」說完便有禮貌的遞給老先生一張名片，直接離開了。

聽他這麼一說，老先生心裡泛起莫名的親切感，不知不覺，心中已卸下防備，越看越覺得自己應該換輛新車了，於是馬上打給那名推銷員。結果如何，可想而知。

武俠小說中練習金鐘罩和鐵布衫的人，任你刀砍劍刺，就是無法傷他分毫，但如果找到他的死穴，只要一指就可以要了他的命。說服別人，難就難在我們不知道對方的死穴在哪，如果能找到，往往一句話就足以說服對方。

我從事大客戶銷售已經有二十五年，天天都在和熟悉或陌生的客戶溝通，深知最快最有效的方法在於攻心，否則，哪怕你口才再好、反應再快，也只是多說多錯。

真正的說服，一定是透過理解人性，探索出對方的死穴，從而掌握對準人心說話的技巧，如此你才能成為真正的溝通專家。

2 顧客買的是電鑽打出來的洞

假設你的經理拿塑膠袋隨手裝了一袋空氣，要你去賣給一個路人，你會不會罵他是神經病？如果有人指著月亮對你說，上面有一塊地，他想以十萬美元賣你，你會不會覺得這個人大腦不正常？

如果你覺得賣空氣的人是神經病，賣月球土地的人腦袋不正常，這並不能說明對方有問題，反而讓人看清你根本不懂銷售，不了解銷售銷的是什麼，客戶買的又是什麼。

有一個故事廣為流傳：一位行銷經理想考考他的部屬，給他們出了一道題：把梳子賣給和尚。

第一個人走出辦公室就罵：「和尚連頭髮都沒有，賣什麼梳子！」他找了間酒吧喝起悶酒，睡了一覺，回去告訴經理：「和尚沒有頭髮，梳子賣不出去！」經理微微一笑：「和尚沒有頭髮還需要你告訴我？」

第二個人來到了一座寺廟，找到了和尚，對和尚說：「我想賣給你一把梳子。」和尚回：「我用不到。」那人就把經理指派的工作說了一遍：「如果賣不出去，我就會失業，你要發發慈悲啊！」和尚就買了一把。

第三個人也來到一座寺廟賣梳子，和尚說：「我真的不需要。」那人說：「你是得道高僧，書法頗有造詣，如果把你的字刻在梳子上，作為『平安梳』、『積善梳』送給香客，是不是既弘揚了佛法，又弘揚了書法？」老和尚微微一笑：「無量佛！」就買了一千把。

第一個人受傳統觀念的束縛太重，用常理去考慮銷售方法，其實不適合做業務。第二個人是在博取同情心，這是最低級的銷售方法，銷售人員也不會快樂，不是長久之計。第三個人不是在賣梳子，而是在賣對方心裡渴望的平安吉祥，又把和尚擅長書法這個特點價值最大化，實現了三贏，產品賣得最好也不足為奇。

銷售界有一句經典名言：「顧客買的不是電鑽，而是電鑽打出來的洞。」這句話是在告訴我們，要從「我的角度」轉變為「客戶角度」，來看待銷售產品這件事。最近幾年，你會發現很多人張口閉口就說什麼產品主義，其實他們也解釋不清楚，更不懂賣產品究竟在賣什麼。

什麼是產品？顧名思義，就是能滿足客戶需求價值的事物。它既可以是實物，也可以是虛擬，它可以是一臺電視機，也可以是一個人、一種思想、一個建議、一項服務。在電鑽和洞之間，有什麼連結？難道不是買電鑽的目的嗎？我需要在牆上打一個洞，於是我去買電鑽，買它的目的不是為了電鑽本身，而是因為它能鑽出我想要的洞，**所以顧客根本不關心你賣什麼，有什麼功能。他的重點是，你的產品能不能實現他的目的，也就是客戶需求**。

客戶需求可分為兩種，一種是實際功能需求，另一種是無形情感需求。賣給和尚的梳子能梳頭，我們需要吃飯，要有房子住，這些都屬於功能需求。另一種無形情感，我舉個例，同樣都是賣衣服，為什麼國際品牌的價格，總是比普通品牌高？如果僅是能滿足遮風擋雨的需求，這顯然說不過去。那麼，動輒上萬的大品牌究竟提供了什麼需求？是情感需求：希望透過穿大品牌衣服提升自信，讓自己有高人一等的感覺等。

所以，假設你的產品是自己，想說服面試官錄用你，你需要滿足什麼需求？如果你僅僅告訴對方自己各個條件都很優秀，能勝任這份工作之類的話，每一個求職者都會，面試官不一定想錄用你。如果你能理解客戶買的是洞，而不是電鑽，相信你一定會換位思考，預測對方究竟要打什麼樣的洞。

假設你是賣瓷磚的，客人來了，你通常會先問：「先生，您想要裝修成什麼風格？我幫您介紹適合的瓷磚。」這時瓷磚就是電鑽，房子裝修風格才是客人要的那個洞。同理，想讓別人錄用你，你一定要了解面試官背後的動機。

那該怎麼挖掘出購買動機？我們可以透過「一診二聽三問」的方式。

一診，要先清楚了解我們的客戶。不了解對方，根本無從談起，調查顧客的行業背景、地位、公司背景，包括公司關鍵人物的一些細節，越詳細越好。

二聽，是要學會傾聽，很多商業機密都可以從中找到突破點。有些人個性比較急，總是在談話過程中，一股腦兒的介紹自家產品，其實往往會引起對方厭惡甚至丟掉訂單。一個好的傾聽者很受人歡迎，況且在傾聽過程中，既可以與客戶愉快聊天，又可以幫助我們找到關鍵需求，何樂而不為？

三問，這就需要有問問題的技巧，有些人問一堆就是沒問到關鍵，如果提問方式不對，對方很難願意回答。那該怎麼問呢？有兩種技巧：

第一，開放式提問，讓客戶按照自己的喜好圍繞問題自由發揮。

有些人容易提一些封閉式問題，只能回答是或不是，這樣對方能透露的消息有限，而開放式提問，不僅能讓客戶暢所欲言，還有助於銷售人員根據談話內容，了解更多資訊。比如我們問面試官：「貴公司招聘新的業務時，覺得合格的業務應具備哪些必要能力？」透過這個問題，就可以基本了解面試官對銷售人員的期待。

第二，證實性提問。

針對對方的答案調整新措辭，使其證實或補充的一種問法，這種方式經常用在關鍵問題上，不僅可以從對方那裡進一步得到問題的澄清、證實，還可以發掘更為充分的資訊。比如：「根據您剛才的描述，我的理解是，想成為你們公司的業務，必須具備○○素質，是嗎？」

透過試探面試官透露的招聘業務的這個洞，開始我們的說服術，比如，我們說：「我知道你們想招聘一名在太陽能產業有一定經驗和人脈的銷售高手，我覺得我和貴公司特別有緣，二〇一九年我在某某公司也是負責推廣此產業，曾經在二〇一九年成功標中某某客戶，銷售額是八千萬元，在二〇二〇年單獨簽訂湛江海洋漁場、徐聞光伏專案等三個專案，希望貴公司給我一個機會。」透過正確的提問和傾聽，了解顧客需求，並針對此計畫話術，為對方提供一個他夢寐以求、渴望的洞，讓他自己說服自己，接受我們提出的方案。

3 產品有三個屬性，你想賣哪一個？

你可以問自己幾個問題：假如你是一家生產羽絨外套工廠的市場行銷企劃，你會把海南省作為銷售主戰場嗎？如果你是勞力士（Rolex）手錶的品牌營運長，老闆讓你選擇一個明星作為品牌代言人，你會找在電影《天下無賊》中扮演傻根的著名影星王寶強嗎？如果你手上有巨額資金，想做屬於中國的可樂，你準備在哪個點上與可口可樂、百事可樂競爭且勝出？

我們回顧一下第一章的老太太買李子的故事，那個故事告誡我們，一個成功的銷售人員要做到兩點：第一，充分了解並熟悉自己的產品知識，能隨時回答任何難題，這是業務成功銷售的根本。

第二，要懂得去挖掘、尋找客戶的真實需求，才能將需求結合我們的產品屬性，比競爭對手還要更能滿足對方、贏得青睞。

各位可能很好奇，產品屬性是什麼？為什麼要結合客戶需求，才能滿足客戶？美國學者菲利浦・科特勒（Philip Kotler）提出了產品三層次，即任何一個產品，理論上都可以分為三個層次：核心產品（core product）、有形產品（actual product）、引申產品（augmented product）。

產品第一層是核心產品，也叫功能層，主要內容為產品是什麼，具備的功能，能解決什麼問題，也是消費者真正購買或使用該產品的原因。

客戶對這一層的要求，就是能滿足消費者的使用需求，比如，我有夜跑的習慣，跑完步會順便去雜貨店買一瓶礦泉水，我絕對不會在這時買一瓶啤酒或一杯優酪乳，因為跑完步，我體內的水分大量流失，需要補充水分。能滿足消費者最核心的功能需求，這就是產品的核心價值。

第二層是有形產品，也叫有形層，就是產品製造出來後呈現的樣子。有形層非常重要，現在各類產品同質性嚴重，你的商品總得與其他廠商的有點區別，才能凸顯出來。同樣舉買水的例子，有的商店賣那種便宜小工廠生產的礦泉水，一捏瓶子，就有一塊軟軟的凹進去，連瓶子品質都做不好，你能相信它的水質嗎？你敢買嗎？

有形層可以是產品的外在呈現形式，也可以是客戶期望的服務，比如，消費者希望產品有售後服務，假設競爭對手普遍的售後服務是七天無條件退貨，我們則可以提出一個月內無條件免費退換貨。消費者一比，發現競爭對手遠遠不及我方的服務好，自然選擇我方產品。這就是在有形層上的競爭。

第三層是引申產品。什麼意思？我想大家有車的話，一定會買汽車保險，雖然你這輩子可能不會發生汽車追尾等事故，但你依然每年會定期保，為什麼？因為汽車保險可以保障你對安全的需求。

有些消費者之所以購買你的商品，是因為你的引申產品。例如，很多人買精品包，就不是看中裝東西的核心價值，也不是外觀的有形產品，而是看中精品品牌給人的那種「高貴、普通人買不起，用這款包包的人非富即貴」的高人一等的感覺。

所以，假如你的產品銷售不理想，或是顧客不太認同，你一定要重新思考，自己賣的究竟是什麼？產品三層次中，對方究竟在意哪一層？如果你熟練掌握了產品三個層次，就明白自家商品的最強賣點，也就掌控了銷售的終極祕笈。因為，客戶有時也不見得真正明白自己需要哪一層，這時你便能旁敲側擊，了解顧客真正需求，再結合產品的三層屬性來介紹，贏得認可。

我們以手機為例，人們使用手機的核心產品，是滿足與人溝通的需求，如打電話、傳簡訊等。但隨著智慧手機的普及，人們不再僅僅為了溝通，可能是要使用地圖導航，或是為了能隨時隨地上網，也或許是為了打發時間。這些訴求，都可以看作手機的核心產品，因為這些服務都是為了解決客戶問題。

而觸控式螢幕的手感、螢幕大小、按鈕設計、手機上的logo、尺寸和形狀等，以及作業系統顯示介面、圖示設計、圖片顏色效果、聲音播放、外包裝，則可以看作有形產品，這一層會極大程度上決定消費者是否願意購買。

手機的引申產品，在這一層要考慮的是消費者最強烈的需求是什麼。這一層往往與消費者精神層面的認同有關，也決定顧客對品牌的忠誠度，以及再次購買意願。比如蘋果（Apple）手機，對它的受眾而言，擁有一部蘋果手機代表著創新、有品味、領先大眾一步；而使用華為（HUAWEI）手機，對品牌粉絲來說，這是愛中國、支持中國產品的具體方式。

很多業務由於沒有接受過系統式銷售知識的訓練，只把產品理解為實體物，並不清楚還可以再往下分三層，且每一層都對應著一群消費者。

由於不清楚產品層次，於是只能就商品本身介紹，無法精準擊中潛在客戶，進而導致自己提出的賣點，可能是買家並不在意的。所以，無論是銷售一款商品，還是說服主管替你加薪，你都要找出你的核心產品、有形產品、引申產品，再去了解對方最想要、最在意的需求是什麼，再落實到具體的產品層並結合，展現我方獨特、與眾不同的優勢，讓客戶感覺這正是他想要的，如此一來，成交或說服，便都垂手可得。

4 話裡藏鉤，勾起他的需求

做過業務的人可能都經歷過，當產品賣得不好時，會習慣採取促銷法，比如打折、促銷禮包、發放優惠券等，但這些方法真的有助於提升銷量嗎？不見得。因為最終能不能賣掉，看的不是價格，而是消費者需求。需求越迫切，購買意願越強烈。

大多數的人都有出去旅行的經驗，遊山玩水，體會山河的美好。而在旅遊景點，很多產品特別貴，比如，你在爬山時，有沒有發現山頂賣的礦泉水比山腳的超市貴很多？但是當你在山頂上，即使知道很貴，你也會買，為什麼？因為你渴，這使你在意的並不是這瓶水比山下的貴了多少，而是想現在就要喝到它，解決口渴的需求，即使你知道自己買貴了，但還是願意多花一點錢，這就是需求的力量。

很多銷售人員常常有這樣的感慨：銷售很難，想說服別人購買更難。其實是我們沒有找到銷售核心，不懂得怎麼去察覺別人的需求，把自家產品變成他的必需品。

想找出對方要什麼，首先得理解什麼是需求。需求，就是指一個人想要但沒擁有的事物。想要滿足對方，就要找出當下他最缺乏的東西，而他缺乏的和他當下最渴望擁有的，就是他最大的需求。

找出來之後，要讓我們的產品與客戶需求相匹配。

前面提到，有些促銷活動之所以不能帶來實際利益，是因為除了產品相匹配之外，還有一個因素會影響顧客是否立刻下單——如果現在不買，他會付出什麼成本。如果你的促銷活動只讓對方省十元，但是可能在其他方面有更大負擔，比如要拎很多東西走路，或者增加叫車成本，消費者的購買動機就會變弱。

假設你是山下超市的老闆，進來一個顧客，你直接跟他說：「你多買一點水放在包包裡吧，山頂的水很貴。」你覺得這個話術很好，甚至對方也認可你說的，但他還是不買，原因出在他現在不怎麼需要，或者他覺得一瓶就夠了，又或者是想到上山的路很長，背著很多水很累，他不想那麼辛苦，所以沒有強烈購買動機。

我們可以看出來，影響顧客下單的，除了需求，還有他要付出的成本，比如金錢成本、形象成本（是否會損害自己的形象）、行動成本（是否特別耗時）、學習成本（是否需要改變原來的使用習慣）、健康成本（是否損害健康）、決策成本（是否有理由支持做出這個選擇和能否產生信任）。

所以，當潛在受眾購買動機不強，甚至沒有意識到自己有必要買時，業務就得學會語帶「鉤子」，勾出需求，讓客戶感覺真有此需，並弱化對成本的顧慮，才能更容易說服，引導購買。

在實戰中，話術可以針對需求及可能產生的成本顧慮，預埋四種鉤子，釣出對方的隱性需求。這四種鉤子分別為：群體比較、時間差比較、任務比較和角色比較。

第一種，群體比較。讓客戶發現自己跟他人的差異，別人都有，而他沒有。

在短影音中經常見到「某某某都在用」這類標題，其實就是用心理定位去錨定客戶，比如「潮人必選」，如果你給自己的定位是潮人，那你沒有，是不是就不符合形象？「年輕人都在用」、「文藝青年都在用」等，如果你是這個群體，別人都有，但是你沒有，可能意味著你還沒有真正屬於這個群體，尤其你內心特別嚮往的話，你的群體歸屬感會被喚起，這個心理認同就會蓋過對付出其他成本的顧忌。

中國人在朋友圈經常會看到這樣的話：不轉發貼文不是中國人，不轉就是不孝。這一個標籤，就能引發大量的人跟隨，原因就在群體歸屬感。所以在引導時，我們要多跟客戶聊、分析、了解他，利用他的群體歸屬感，話裡藏鉤，誘導購買。

第二種是時間差比較。過去沒有，但是現在可以有。這在一些年長的客戶身上表現得特別明顯，很多長輩年輕時都是過苦日子，沒什麼閒錢，捨不得旅遊，買好看的衣服，把生活需求壓到最低。我爸媽就是這樣的人，雖然現在生活條件比較好了，但仍保留勤儉的消費習慣。

有一年冬天，因為我爸的腰腿經常受風，加上老家氣候乾燥，我就想帶他們去三亞[1]過冬，氣候相對暖和、舒適，但是當負責安排行程的旅行社說明費用之後，我爸媽就不同意了。

這時候，旅行社人員說：「叔叔，阿姨，您們可能和我爸媽一樣，年輕時家裡都比較困難，捨不得吃喝，苦了大半輩子。但是現在生活條件好了，你們跟其他同齡人相比，還是很幸福的，不用再繼續過苦日子，而且您兒子也很孝順，其他家的兒子，自己都顧不過來，哪裡還有能力管父母過得好不好。有這樣的好日子，還有孝順的兒子，您二老應該非常開心啊，去三亞好好享受，也對得起自己辛苦了大半輩子！」我爸媽聽了，欣然答應。

第三種是任務比較。指客戶的心裡有一個既定目標，但是還沒有完成。比如他計畫買一輛車，但是錢不夠，有什麼解決方案？可以推薦另一款價格合適又能滿足需求的車。再比如現在的年輕人買房，可能一下子負擔不了太貴的，我們就退而求其次，可以介紹幾間他們現在能負擔的，奮鬥個幾年再換更大、更好的。這就是任務比較法，當一個目標當下無法完成時，退而求其次，先去完成一個小一點的目標。

第四種是角色比較，就是要讓角色定位滿足他的身分。比如一個媽媽，在選擇衣服時，銷售人員可以這樣推薦：「這套衣服穿起來很舒適，材質親膚，平時抱小孩時也不用刻意再換居家服，孩子也會很舒服，如果您平時經常出門又要照顧小孩，這套是不錯的選擇。」或者一個上班族，穿著上要顯得更專業一些，所以我們可以為客戶營造一種角色定位，比如：「身為一名職場女性，這套衣服更符合妳的氣質。」要讓客戶有自我認同感，從而認同你的觀點和建議。根據他不同的角色背後隱藏的動機，喚醒他的需求，這樣更容讓消費者買單。

想誘導沒有購買意願的客戶買單，可以在話術裡預埋群體比較、時間差比較、任務比較和角色比較這四種鉤子，來激發購買需求。我們再回到一開始的問題：假設你在山腳下賣礦泉水，客戶對水的需求不高，你要怎麼設計話術，讓對方爽快買水？

我設計的鉤子是：「帥哥，爬山很累，半路上沒有賣水，有錢也買不到水（強化稀少性），很多人因為太渴就下來了，好好的計畫都被破壞（強調損失），

1. 位於海南島的最南端。

你多準備一些吧，有備無患，如果你覺得用不到也不要緊，你下山時退給我，我把錢全退給你（消除顧慮）！」說完，把水遞給客戶。

當客戶接過水的時候，我們的鉤子就奏效了。

5 讓客戶自己說服自己

在工作上，有時我們需要主管或客戶支援。比如，最近產能不足，部門需要增加新的員工；我想參加一些提升專業技能的培訓，想跟老闆報銷學習費用；快過春節了，我想向主管申請一些經費，來答謝過去一年幫助過我的客戶；我們的產品成本增加，需要顧客在原有的合作中增加一部分預算……在這些場合，我們都需要和主管或客戶溝通，並獲得他們的支持。

在當今社會，基層員工說服主管，或銷售人員說服客戶，讓其按我們的意願提供支持，是相當難的事情，因為我們基層掌握的資源有限，甚至這些資源顧客根本看不上，我們又憑什麼說服主管或客戶？

我們想獲得支持，就必須做到「三同」，首先讓對方認同我們的建議，在此之上，才會贊同我們的工作，有了贊同，才能真正推廣工作，只有真正推廣，最後才能獲得共同收益。

想獲得主管或客戶認同，最重要的是發現需求並滿足，因為如果我們能達到他的需求，也就能得到他的支持。

想得到某人的需求點，得詳細了解背景。比如，你現在面對的是一個大公司的女財務長，如果你想要達成自己的銷售意願，就要知道她的年齡、受教程度、婚姻情形、家庭狀況、性格柔弱還是強勢，以及公司盈利情況等，藉此大致判斷她渴望什麼、討厭什麼，總結出她的需求點，從而給她一個滿足需求點的方案或建議，進而獲得她的欣賞和對你銷售工作的支持。

舉個例子，我在西門子工作時，有一次去拜訪客戶，發現對方技術部門的主管在很多事情上都非常照顧我，甚至多次在公開場合表示我們的產品很不錯。後來接觸多了，我才明白其中原因。

這個主管經常被安排到美國去視察產品，去之前需要把人民幣換成美元，而我在和他交談時，透露過自己的薪水是美元。我剛好能滿足他用比平時便宜的價格兌換美元的需求，自然得到了他的欣賞和支持。

生活中，每個人都有煩惱和欲望，和客戶交流時，一定要多聽多問，多讓對方說，才能從中找出需求，精準抓住客戶的心，從而讓對方因心動採取行動。

有的人會說，自己不善於聊天，不擅長捕捉需求，怎麼辦？不要急，即使你不會聊天，去拜訪客戶時，在獲得認同的基礎上，我們為客戶量身訂製一個極具獨特性或高價值的方案或建議，也能獲得贊同和支援。而這個方案或建議，最好用故事的形式告訴他，我們是誰，能給他帶來多大的價值。

我們的地位越低，越可能被顧客的高層忽視，所以在銷售時，盡量包裝一下，普通銷售員包裝成銷售經理，銷售經理包裝成區域銷售總監等。因為企業交流時要遵循「組織對等」這一原則，透過職位上的一點「虛誇」，就可以和更高層的人交談，這也是人性對銷售的影響，社會上強強才能合作，強弱之間只能是征服或強者蔑視弱者。

客戶的高層管理所處的位置，決定他的一些決策將具備一定風險，如果他下的判斷能帶給企業利益，這些好處就會轉化成他的職位資本和工作實力，俗稱「撈政績」。相反，如果他給企業帶來劣勢，公司內部一定會議論紛紛，甚至競爭對手會趁機攻擊他，從而動搖他的位置，這叫失策。

如果一件事情的風險可控，或者客戶的高層可以承擔，他就會計算這件事情的投資報酬率，一旦投資報酬率合理，他就會支持，反之則反對。所以，銷售人員要積極推動進展，讓客戶的高層為我們錦上添花，而不是雪中送炭，只有這樣，才能讓他持續支持我們。

我曾在雲貴地區向煤礦銷售西門子真空泵浦，當時貴州某礦務局的市場很難打開，因為他們習慣採購山東省的國產真空泵浦，比我們的價格便宜一半，品質也不錯，他們自然不會換供應商。

所以，我最初並沒有積極說服礦務局的高層採購我們的產品，而是和礦務局下面兩個煤礦場的真空泵浦操作員打好關係，讓他們允許我提供兩臺真空泵浦，安裝在他們現在使用的真空泵浦旁邊，型號一樣，兩臺輪流使用，同時請他們記錄在同樣情況下，我們的真空泵浦耗電量是多少。

經過兩個月的比對，他們給了我現場使用的資料紀錄，證明在同樣情形下，我們的真空泵浦比國產的要省電三〇％，真空泵浦的工作效率提高一〇％，而且把兩種真空泵浦拆卸比對，發現我們的沒有任何耗損，而國產的則因空蝕現象

（Cavitation），葉輪已經損壞。

當我把這些資料給礦務局掌管真空泵浦的主管看時，他很驚訝，同時也很欣賞我，我趁機告訴他：「我們看產品，不能僅看它會不會壞，還要看它耗能多不多，能源耗多的產品，消耗的是現金流，同樣一臺泵，我每年能幫你省五千元電費，而礦務局最少有一百臺，一年能省下五十萬元的電費！」

因為是在礦務局下面的煤礦場做實驗，所以當這位主管透過電話了解情況後，馬上把礦務局的真空泵浦，按照使用年限，逐步淘汰國產泵浦、採購西門子泵浦，我也因此在這個礦務局達到壟斷銷售，從而打開了貴州真空泵浦的市場。

各位，告訴你的客戶，你的方案能幫助他累積政績、提高工作效率，還能省下多少資金，並協助他完成工作關鍵績效指標（Key Performance Indicators，簡稱KPI）考核……當我們的產品或方案能給對方帶來真正利益時，顧客就會贊同、支持，唯有如此，才能實現雙贏，產生共同利益。

我們每天都在說服自己的老闆支持我們的工作，說服客戶購買產品，但是我們也知道，這很困難。**愚蠢的人拿他的理由來說服我，但是有智慧的人會用我的理由來說服我**，別人說服不了我，但是我可以說服自己。所以，想說服主管或顧客，我們要記住「認同、贊同、共同」三同說服法，並思考什麼方法可以得到對方認可，用什麼利益引誘贊同，用什麼方式對方會堅定支持我們的行動，從而確保得以實現共同利益。

6 打開對方錢袋最快的路

在職場上，我們總能遇到一些自我感覺良好的人，認為自己最厲害，眾人皆醉他獨醒。這些人自以為看透一切，一切都在他意料之中，很多平時不愛說話或不善於表達的人，在跟這類人談合作時，容易被牽著鼻子走。

即使自己有條件和地位優勢，卻還是被這類人先下手為強，挑刺說這有問題、那有缺陷，好好的一件事，硬是被攪和得如同雞肋，食之無味棄之可惜，總吃一些啞巴虧。遇到這類情況不要慌，我教你一個應對公式，讓你用一句話、一件事，破解對方的防禦或進攻，把對方拉到同一個起跑線並說服他。這個公式是：同理心＋微笑提問＋經驗分享。

我要先問各位，你們有沒有說過謊？如果有，又是為什麼？小時候我們被大人教導不能說謊，可依然會去做，為什麼？為了掩蓋事實，而這件事實往往是父母無法理解的。

心理學家西格蒙德．佛洛伊德（Sigmund Freud）曾寫過一則故事，有一個小男孩在黑暗的屋子裡，因為房子上鎖了，外面的人進不去，所以每當有人走過，小男孩就想要叫住外面的人，來往的人都沒有理會他的聲音，只有一位阿姨每次都會回應他，阿姨對小男孩說：「你看不到我，也不能出來觸碰到我，你叫我有什麼用？」小男孩說：「當我叫妳的時候，妳的回應就像一束光，照亮了我這個黑暗的屋子。」阿姨聽完瞬間感動得落淚。在這個故事裡，阿姨就扮演了擁有同理心的角色，使得男孩的生活有了希望。

同理心在本質上屬於一種換位思考，將自己放在別人的角度去看待問題，屬於人類最基本的需求，著名作家戴爾．卡內基（Dale Carnegie）在《人性的弱點》（*How to Win Friends & Influence People*）一書中曾提到，同理心是無價的，可見此能力的重要，同理心強的人，並沒有放棄或丟掉自己的觀念和想法，反而能體察他人的情緒、矛盾和心願，且做出的回應，可以滿足對方的情感需要。擁有同理心，可以更好的理解對方，站在他人的角度思考，很多溝通上的問題都能迎刃而解，在社會上也能廣交好人脈。具備此能力的業務，業績往往比那些沒有的還要好。

中國改革開放[2]後的某一天，著名作家沈從文在接受幾位記者採訪時，說起自己在文革時期，曾經打掃廁所的事，在場一位年輕記者動情的擁住他的肩膀說：「沈老師，您真是受苦、受委屈了！」此言一出，這位八十三歲的老人當眾抱著記者的胳膊嚎啕大哭，像受了委屈的孩子，什麼話也說不出來，在場的人都驚呆了。

就心理學而言，沈從文是被那位記者打動了，在那一刻他感受到有人懂他，所以才會哭泣不止，當壓抑的情感被看到、被理解，頃刻間便化為淚水，這就是同理心的力量。既然同理心這麼厲害，我們為什麼不在與他人溝通時使用呢？

生活中，那些自我感覺良好、認為自己最厲害的人，往往是「半瓶水」，真

2. 在一九七八年十二月十八日，開始實施的一系列以經濟為主的改革措施。

正「一瓶水」的人都知道謙遜低調。半瓶水才會不斷表現自己，展示自己的能力，這類人大部分是企業的中階主管，比如技術部部長、工程部經理、研發部部長等，一般從事技術或辦公室工作，一方面他們從事某個專業領域久了，懂得的專業知識確實比一般人多得多；另一方面，自己也算是個主管，往來接待、走南闖北也見過不少世面，於是就感覺自己已閱盡天下風景，世界不過如此，因此驕傲自滿，不把他人放在眼裡。

這些人要麼封閉自己，不讓他人進來和他真誠平等的溝通，要麼就具有攻擊性、看不起人，三言兩語指出別人缺點，把沒有經驗的人弄得尷尬狼狽、自慚形穢而去。遇到這種場合，記住同理心＋微笑提問＋經驗分享這個應對公式。

我們曾去拜訪過一個小型堆高機工廠的總經理。前兩次拜訪，這位總經理將我們指責一番，說我們的產品和他以前的供應商差不多，面對我方銷售人員提議給一個參與報價的機會，總經理表示產品都差不多，他和現在的供應商合作得很好，為什麼要換掉？那是我們第三次拜訪，這時該如何利用同理心尋求機會？

一般同理心最強烈的關係是校友同學、老鄉同村，有共同喜好、一起經歷過一些事、看過同一本書、有相同的信仰等，所以，想引起同理心，可以先從這方面下手。

我第三次去拜訪這位總經理時，一進辦公室，就注意觀察空間擺設。觀察力是業務必備技能，只有仔細留意，才能挖掘出對方的一些喜好和特徵。

這次我發現總經理辦公室裡有一個方桌，桌子上放了不少報紙，每張都寫滿了毛筆字，很明顯，這位總經理在報紙上練毛筆字。從字跡上看，他臨摹練習的是魏碑書法[3]，我曾經學過四年書法，算是略懂一點皮毛。

經過觀察，我發現我在書法方面和這位總經理有共同點，於是，我利用寒暄時間，在腦海中迅速策劃了一下，我問：「張總，我看你在練習書法，好像是魏碑體啊？」張總說：「是的，我沒事的時候喜歡臨摹魏碑。」我回：「哇，我學習了幾年書法，練楷書、行書、隸書的都見過，但是第一次看到寫魏碑的，我有點好奇，你為什麼選擇魏碑？練這個的人太罕見了。」張總告訴我：「說來話長，我小時候在農村長大，也在農村的小學讀書，那個時候我們的小學老師是下

3. 指南北朝時期，北朝的碑刻書法作品。

鄉插隊的知青[4]，他是中國寫魏碑的第一人，我是跟他學的……。」

話匣子一打開，張總竟從他的小學時代，開始說起他學習書法的往事，不知不覺聊了兩個多小時，我們之間產生了多年好友惺惺相惜的感覺，我走的時候，張總不僅送我離開辦公室，還親自送我出了他的廠門。這樣尊貴的送別，說明了張總對我的高度認可。

你看，同理心＋微笑提問＋經驗分享，竟能輕鬆突破張總心防，直接撼動他的心，引起他心靈深處的共鳴，進而產生知己的高度認同感。於是，推銷產品反而成為附帶的小事。**打開對方錢袋最快的路是打開對方的心**，共情＋微笑提問＋經驗分享，這個公式你學會了嗎？

4. 在一九五〇年代至一九七八年，期間中國政府組織上千萬的城市知識青年，到農村定居和勞動，接受貧下中農的再教育。

7 暢銷商品背後都有一段故事

我們在得到某種利益之後會產生滿足感，也叫獲得感，比如，二〇二一年底，我接到稅務局的電話，說市政府為中小微企業紓困解難，發布退稅政策，根據我公司去年的納稅情況，從一月一日開始，由我公司提出申請，可以享受退稅七萬元的優惠政策。一週之後，我的帳戶突然多了七萬元時，我有種滿滿的獲得感，類似走在大街撿到一塊金元寶的感覺，讓人不禁嘴角上揚。

我以前住宅的門鎖是傳統鑰匙鎖，我喜歡簡單的東西，不太喜歡身上帶一串鑰匙，覺得很煩，後來換成臉部辨識系統自動開鎖，每次回家，站在門口，臉部辨識一掃，門就悄然打開，簡單又省事，再也不用帶一串鑰匙出門，電子鎖帶給我濃濃的獲得感。

獲得感不僅是物質層面，也有精神層面，既有看得見的，也有無形的。比如同樣是女性手提包，為什麼普通品牌只賣三百、五百元，消費者還討價還價，而LV手提包卻可以賣到三萬、五萬元的天價？而且還是爭先恐後的買，從不殺價？這牽涉到滿足感的問題。

出於對美好事物的追求心理，有很多人購買精品，它代表最高級別的享受，除了能得到其他人羨慕的眼神，自己也可以得到很大的滿足感，甚至可以提升幸福指數。

人既然追求美、追求滿足感，我們就要擅長打造和提升產品價值，爭取讓消費者感受到我們產品的超高價值，並引導他們擁有強烈的購買欲望。

如何打造和提升產品價值？我們要學會利用從眾效應（Bandwagon effect）及講故事這兩個方法。

從眾是指個體在社會群體的無形壓力之下，不知不覺或不由自主的與多數人保持一致的社會心理現象，也叫羊群效應。

從眾效應具有盲目性，嚴重的人會不分析事情，不顧是非的一概服從多數人，所以傳銷都是採取ＡＢＣ法則[5]，私下多人給一個人洗腦，開會時都有很多人參與，在這類場合，普通人很容易產生從眾心理，變得盲目，從而參加更多會議，被洗腦得越嚴重。醫療產業的廠商銷售代表經常請目標醫院的醫生、院長參加新品發布會，也是利用從眾心理。

社區裡一些賣保健食品的騙子，更是把從眾心理發揮得淋漓盡致，他們先給社區的老年人免費量血壓、測血糖，藉此獲得好感，然後邀請長輩們免費參加他們在飯店舉辦的產品技術講座，還保證會有免費贈品。這些老年人有大量的空閒時間，所以也願意去，到了現場，幾十、上百人的場面營造出一種狂熱的採購局面，老年人的認知會退化，在氣氛烘托下，很容易產生從眾心理，然後也掏腰包瘋狂採購。

作為銷售人員，我們也要學會利用從眾心理，向客戶多次宣傳許多行業都使用我們的產品，對方就會有一種「大客戶都在用他的產品」的感覺，之後就會形

5. 在你的介紹下，由你的推薦人或團隊領袖，向你的潛在客戶介紹公司、產品與制度的一種方式。

成從眾心理。每當去拜訪顧客時，幾乎每一個相關部門的負責人我都會去宣傳，這也是為了在目標客戶內部形成一種，「我就是最佳供應商」的效果。

當我第一次去開發中南建築設計院時，設計院中一百多位設計師，沒有一位願意和我合作，經過努力，我拿下了設計院當年年度最大的建築項目——武漢建銀大廈，一下子就在設計院內引起轟動。

那些設計師覺得我能突破種種困難，搶下建銀大廈這個單子，業務水準一定了得，他們把我推薦給業主的話，成交率一定超高，所以他們開始樂於把設計專案交給我，向業主推薦我。而我和業主簽約成功時，設計師的付出就能得到回報，於是他們擁有滿足感，而這種心情會讓設計師再次把他們的專案交給我，從而形成一個良性循環。而我就是利用他們信任的建銀大廈這個專案，製造了從眾效應。

第二，透過講故事來塑造高價值。

人和動物最大的區別之一就是人會講故事。我在北京舉辦的一次線下培訓班裡，有一位富二代女學員，在父輩打下的基礎之上，她有條件也願意去謀劃全國市場，也有成為某個行業領軍企業的抱負。富二代的奮鬥基礎往往是繼承父輩，這沒有問題，但是如果在策略方面看不到本質，可能會埋下一些經營隱患。與這位富二代交流的過程中，她首先糾正了我對她富二代的印象，她說她是創二代，從這一字之差，可以看出這是一位謙虛且積極努力的女企業家，事後我了解了她企業的官方網站和資訊，發現她也有和絕大多數人一樣的問題——不會講故事。

我們常說：「三流業務賣產品，二流賣故事，一流談理念。」無論是歷史，還是一些物品、商品，凡是被我們記住的東西，幾乎都伴隨著一段刻骨銘心的故事。比如茅台酒講了一個在萬國博覽會打碎一瓶酒，但贏得讚賞的故事；樂百氏講了一個二十七層淨化的礦泉水的故事；農夫山泉講了一個千島湖地下水有點甜的故事；芝寶（Zippo）講了一個打火機與美國軍人的故事，於是無數男人將芝寶當作隨身物品。在這個企業都在爭奪粉絲的時代，會講故事是優秀的人或企業的標配，也是一項必須掌握的技能。怎麼講一個有內容的故事，無形的提升我們在顧客心中的價值？可以參考四點：

第一，可以引起消費者興趣。

小時候我讀過崔顥的《黃鶴樓》和相關故事，於是我去武漢時，參觀黃鶴樓就成為我必須做的事。相信有很多人因為聽說麗江是一個豔遇之城，而把麗江列為必去的城市之一吧。講故事可以自然而然的使消費者產生一睹為快的興趣。

第二，讓消費者有代入感，並成為支持者。

好的故事能讓人代入自己的情感。有時候，對陌生人、陌生品牌或商品，我們最初毫無情感，可一旦了解其背後故事，就會代入情緒，並成為支持者，比如，我們知道「褚橙」這個品牌背後，是褚時健老先生的勵志故事，哪怕付出再高的價格，我們也要去買，以示對對方的敬意和對自己的激勵。

再比如二〇二一年，鄭州突降暴雨，服飾企業鴻星爾克的老闆捐贈了五千萬元物資（據說鴻星爾克近幾年盈利都不太好），這個故事傳開之後，一週內鴻星爾克的直播銷售額超過一億元，但鴻星爾克平時的直播銷售額都不會超過五十萬元。甚至很多人說，如果沒有貨，寄鞋帶也可以。你看，一個這麼感人的捐贈故事，讓鴻星爾克的銷售額有了指數級的增長，無非是人們知道這間企業背後的一顆善心。

第三，讓客戶記住你。

講故事可以製造記憶。比如，當年的生物課上，老師教我們怎麼解剖青蛙的內臟和骨骼的場景至今仍歷歷在目，即使我對生物老師完全沒有印象。曾經某某水泵浦公司的一位業務給我留下了很深的印象，他對我說，他們公司的泵用在中南海。這麼一句話就讓我記住了他。

只要我們用精心設計的故事來宣傳自己，就可以成為獨一無二的存在。

第四，讓對方主動幫你宣傳。

你在看到一本有趣的小說，或者讓你潸然淚下的電影時，會不會想推薦給別人？無論是一件事、一個商品，還是一個人，只要有打動人的故事，別人就願意幫你宣傳，這就是所謂口碑。

王老吉在汶川地震後捐了一億元，使其銷售量猛增，是誰在免費為它默默宣傳？一直以來，口碑都是促進商品銷售的重要因素，進入網路時代後，口碑的力量變得越來越大，傳播速度也越來越快。只要產品故事能靠此流傳開來，商品自然大賣。

消費者不一定買銷售人員推薦的東西，但是他一定會買自己想買的商品，而這一定是能給他較高滿足感的事物。

網路上有一個鼓手打鼓的影片，透過螢幕你都能感覺到他近乎瘋狂的激情，和他投入的濃濃情感，讓觀眾都感受到這個鼓手已經不是單純在敲鼓，而是在敲自己的情感、人生，甚至把自己也敲進鼓聲裡。是什麼原因讓他這麼投入？原來是他的兒子考上了國防科技大學，原來這一場鼓，是為了慶祝他兒子拿到國防科技大學通知書！

他兒子考取國防科技大學，給他強烈的獲得感，而這種情感又驅使這位父親充滿激情，敲出這一感動無數人的鼓聲！試問，如果這個鼓是為別人而敲，他還會這麼投入嗎？甚至把自己的生命都投入鼓聲中嗎？所以，我們要學會給予我們的客戶獲得感，讓他感到價值超出預期，而這些我們可以透過從眾心理和講故事來達成。

8 找出商品的獨特銷售賣點

一九九五年，白加黑感冒藥上市僅僅一百八十天，銷售額就突破了一．六億元，從競爭激烈的感冒藥市場上分割了一五％的市占率，登上行業第二品牌的地位，在中國行銷史上堪稱一個奇蹟。這個現象被稱為「白加黑震撼」，對市場上的從業人員產生了強烈的啟迪作用。

其實白加黑的奇蹟，無非是利用了獨特銷售主張（又稱獨特銷售賣點，Unique Selling Proposition，簡稱USP）。一般而言，在同質化的市場中，很難發展出獨特的銷售主張，尤其是感冒藥市場上同類產品特別多，已經出現高飽和狀態，而白加黑的成功，激勵了銷售人員以獨特賣點來吸引大眾的關注和喜歡。那麼，如此神奇的獨特銷售主張到底是什麼？

獨特銷售主張，是二十世紀中期由美國人羅塞・里夫斯（Rosser Reeves）提出，他認為獨特銷售主張必須滿足三個條件：第一，有確定的功效和利益，而不是自吹自擂。第二，獨特性，甚至是唯一性，這個主張一定是競爭對手還沒有提出，或者根本無法做到。第三，有強大的說服力，足以讓消費者成為你的客戶。

有哪些資訊可以成為獨特銷售主張？理論上這些賣點是無限的，但是使用最多的是價格、高品質、多種選擇、好的服務。

獨特銷售主張與定位還有一些區別，定位是從消費者的立場出發，在消費者心中找到屬於自己的位置，而**獨特銷售主張則是基於現有的產品，從中找出一個獨特、真實、對客戶有利的賣點，從而擴大自己的影響力**。隨著時代的發展，市場環境也在劇烈變動，在現今競爭激烈的市場環境中，買家不一定會買銷售人員想賣的，但他永遠會購入他想要的。市場競爭早就從以產品為中心，轉變為以客戶為中心，這意味著「高品質、低價格」的獨特銷售主張策略已經有點落伍，各位要與時俱進，變通使用這個主張。

我們要先調查客戶究竟想要什麼，知道真正需求後，再結合自家產品的獨特賣點，雙管齊下，滿足消費者的需求，從而贏得客戶，贏得市場。

實戰中，銷售人員需要注意，這個主張是感性的，需要提煉加工，不是產品自帶的賣點。任何一個產品，它被生產出來時就具備某種功能，但僅僅賣這項功能遠遠不夠。

以超市販售的麵為例，無數家廠商都生產麵，這類商品的銷售賣點通常為價格便宜、口感好等，但是除了普通的麵，還有蔬菜麵、雞蛋麵等，蔬菜麵雖然也屬於麵類，但是它有獨特賣點——屬於有機食品。普通的麵可帶來飽腹感，而蔬菜麵不僅如此，還可以補充多種微量元素。再比如農夫山泉的廣告標語是「農夫山泉有點甜」，僅僅一句話，就把農夫山泉和普通礦泉水區分開來，打造了自己的獨特銷售主張。

你是賣產品自帶的賣點，還是銷售提煉出來的感性？或者銷售過程有沒有獨特性？我們從兩個流傳很廣、真實性很低的故事裡看看，獨特銷售主張如何幫助業務攻城拔寨！

一家製造鞋子的廠商派了兩名業務各自去開拓市場，一個叫傑克，一個叫板井。他們兩個在同一天到了南太平洋的島國，到達時，他們就發現當地人都赤腳，從國王到貧民，竟然沒有一個人穿鞋。

當晚，傑克發了電報給公司：「經理，這裡沒有一個人穿鞋子，並不適合開拓市場，明天我就回去了。」而板井則是先了解當地的風土人情和文化，得知當地人都喜歡晚上跳舞，於是他萌生了一個計畫，找了當地最具權威的部落酋長，策劃了一場穿皮鞋跳舞的晚會，邀請來參加的人免費試穿鞋子跳舞，並且自己親自上場跟當地人跳。

經過幾次舞會，人們開始口耳相傳，說穿著鞋子跳舞非常舒服，於是不到兩年，島國的所有人都穿上了鞋子，板井也因為這件事，成為公司的業績冠軍。

很多時候我們老是抱怨這個、抱怨那個，總覺得沒有機會施展才華，其實生活中到處是機會，只是缺乏一雙發現機會的眼睛。

第二個故事，是一個鄉下來的年輕人去應聘城裡世界最大、應有盡有的百貨公司，老闆問：「你以前做過銷售人員嗎？」他回答：「我以前是村子裡挨家挨戶推銷的小販。」老闆喜歡他的機靈：「明天你可以來上班了，下班的時候我會來看一下。」

一天的光陰對這個年輕人來說既漫長，又難熬。等到下午五點，差不多該下班了，老闆過來問年輕人：「你今天做了幾單買賣？」年輕人回：「就一單。」老闆很驚訝的說：「我們這裡的銷售人員一般一天都可以接到二、三十單，你賣了多少錢？」

「三十萬美元，先生。」年輕人說。「你怎麼賣那麼多？」老闆目瞪口呆的問。年輕人回：「有一位男士進來買東西，我先賣給他一個小號的魚鉤，然後推薦他買中號的魚鉤和大號的魚鉤，接著我又分別賣給他小號的漁線、中號的漁線和大號的漁線。我問他去哪裡釣魚，他說海邊，我建議他買艘船，所以我帶他到賣船的專櫃，賣給了他長二十英尺（約六．一公尺）、有兩個引擎的縱帆船，然後他說他的福斯汽車（Volkswagen）可能拖不動這麼大的船，於是我帶他到汽車專櫃，賣給他一輛豐田（Toyota）新款豪華型陸地巡洋艦汽車。」

老闆退了兩步，幾乎難以置信：「一個客戶僅僅是買了魚鉤，你就能賣他這麼多東西？」年輕人說：「他是來幫妻子買髮夾的，我只是告訴他，你的週末算是毀了，為什麼不去釣魚呢？」這個故事可能有一點誇張，但最後一句卻是點睛之筆，客戶本來沒有打算買魚鉤，而是來幫太太買髮夾。有誰能做到讓客戶到你這裡，改變了原有的目標？

在我剛才講述的故事裡，你找一找，在過程中，哪一些環節屬於販賣獨特銷售主張？而你的產品，在哪些方面能挖掘到？把這些內容想好，下次可以試試看，能不能改變你在跟客戶介紹產品時，推銷乏力的局面。

9 前期要鋪路，等待時機成交

在銷售過程中，我們總會遇到一些比較猶豫的客戶。我們介紹產品的多項優點，也給了不少優惠方案，但對方總是說考慮一下。這時我們就需要進入壓單環節，來促成交易。

壓單是銷售流程中重要的一環，就像足球賽上在對方球門前決定勝負的臨門一腳。日常生活中也有這類場景，比如購物中心的促銷員嘴裡喊著：「今天促銷最後一天，想買的不要錯過！」很多直播平臺上的主播也會，比如，「此刻下單，主播給你買一送一」的話術等，形式有很多，但是在此之前，一定要先激發出消費者的購買欲望，如果購買欲不高，切勿盲目壓單，否則反而會降低購買意願，你此次銷售也就提前失敗了。

其實有經驗的銷售人員都明白：壓單成功的前提是前期鋪陳做得好，有激發出顧客欲望。不鋪陳不銷售，這是基本常識，一些剛剛做業務的人簽單心切，往往見到客戶就喋喋不休的說產品如何，多值得買，不做任何鋪陳就想立刻成交，如同種一粒種子，不灌溉、不呵護，就期待它結一堆果實，想太美了。

所以，有經驗的業務會把銷售分為鋪陳和壓單兩階段。前期接觸為鋪陳階段，不談銷售的事，等到臨近結尾，客戶購買欲被激發出來時，就可以進入下一階段——壓單，拋出一個對方無法拒絕的條件，誘導購買，馬上成交。前期做得好，後期再用一些技巧就可以拿下訂單。

當進入成交階段，銷售人員在壓單過程中要張弛有度，提高客戶的購買意向。能壓單的前提是，對方對商品有興趣和強烈欲望，並且有足夠的經濟能力和直接決策權，否則只會把客人逼走。

歷史上有個著名的〈觸龍說太后〉的故事，流傳幾千年，一直帶給人啟發，這次就來分析這個故事，看看如何透過層層鋪陳，說服一個反對自己的人。

故事背景是戰國時期，趙國被秦國攻打，實在打不過就去找鄰國齊國求助，齊國則借機提出要求，說出兵可以，但必須讓趙國太后的親兒子長安君到齊國當人質。

趙國的主事人趙太后最喜歡的孩子就是長安君，實在不捨得他到齊國去吃苦，怕萬一齊國不爽，可能要了長安君的性命。所以無論大臣們怎麼勸諫，太后一律回絕。到最後被逼急了，太后放出狠話，明明白白的告訴大臣們：「誰要再跟我說這事，老太太我非得吐他一臉唾沫不可。」就在這個關鍵時刻，大臣們想起一個人，是趙太后的老朋友，名叫觸龍，於是大臣們央求觸龍去說服太后。觸龍答應了。

這件事情被太后知道，她憋了一肚子怨氣，就想等觸龍來了，宣洩一下，噴他個滿臉唾沫。觸龍也知道自己去見趙太后，趙太后在氣頭上，為了自己的面子，她一定會把觸龍當出氣筒臭罵一頓。於是，他精心策劃了一套說服技法。

觸龍歲數不小了，步履蹣跚，慢慢走到了趙太后面前，一開口就從感情方面開始鋪陳，說：「哎喲，太后您知道的，老臣這條腿有毛病，所以很久沒來見您。最近，我很擔心您的身體健康，所以特地來看您，不知太后您身體如何？」

太后那邊正想發火，看對方一上來就關心自己的身體，一肚子火發不出來，於是撇了撇嘴說：「不怎麼樣，現在出行全得坐車。」觸龍又關心的問：「敢問太后您每天的胃口還好嗎？每天吃什麼啊？不會吃得少了吧？」太后回答說：「嗯！也就是勉強喝點稀粥罷了。」觸龍繼續說：「老臣近來也是吃不下東西，只好每天走上三四里地，鍛鍊一下身體，能稍微增加食欲，身體就舒服多了。」趙太后聽了回答：「我可做不到。」

鋪陳完這些，趙太后的心情算是稍微好了一點，怒氣也少了許多。看見趙太后的臉色舒緩了一些，觸龍就進入正題：「太后，我的小兒子舒祺沒出息，不成材，一直在家待著，我老了，又比較疼愛這個小兒子，所以，想看看宮裡有沒有什麼正經事，比如您讓他補一個守衛的空額，來保衛皇宮。今天就是為了給這個不成器的兒子謀個飯碗，所以才冒死罪來懇請太后您答應。」

趙太后一聽，心想多大點兒事，這還不簡單，就說：「可以，這孩子今年多大了？」觸龍恭恭敬敬回答：「回太后，十五歲了，雖然年齡小，但是我希望趁自己還沒入土，把他託付給您。」人都有共情之心，看到觸龍說他兒子，趙太后自然而然聯想起自己的小兒子，於是忍不住問：「你們男人也會疼愛自己的小兒子嗎？」觸龍聽了，立刻回答：「那是當然，比女人還厲害呢！」

這一下把趙太后給逗笑了：「沒聽過父親比母親還疼小兒子。」觸龍反駁：「未必吧！比如我私下認為，您疼愛您的女兒，超過疼愛您的小兒子長安君。」觸龍在這裡說到的趙太后的女兒，就是燕后，已嫁給燕王當妻子了。

趙太后聽後回：「你錯了，我最疼的，可是長安君！燕后和長安君相比，那是要差許多的！」交流到這個階段，趙太后完全忘記自己的身分，這時兩位已經不是君臣關係，而是為人父、為人母者，在討論自己的孩子，這就是為什麼要鋪陳的一個重要原因，先同理，之後才能交心，才好交易。

觸龍為了說服趙太后，就引了一段故事：「父母疼愛他們的子女，必須為子女做長遠的打算。當年太后您送燕后出嫁時，緊跟在她身後哭泣，是不願意讓女兒遠嫁。但是您在禱告的時候，卻希望她不要回來，這不就是替她做長遠打算，希望她在燕國生兒育女，子孫一代一代做國君嗎？」

這一下把趙太后帶到了往事之中，她點點頭說：「嗯！是這樣沒錯。」觸龍接著說：「從現在算起，追溯三代，至趙國剛建立的時候，趙王子孫當時被封侯的，他們的後人到現在，還有封侯的嗎？」趙太后回答：「好像沒有。」「那除了趙國，其他諸侯國有嗎？」「好像也沒有。」到了這裡，觸龍終於可以把話題繞到太后的小兒子身上了。他嘆了一口氣說：「您給燕后想得這麼周到，但是對長安君，想得就沒這麼周到了吧？」

太后一聽不高興了，沒好氣的說：「你這話怎麼講？」觸龍趕緊講：「您看，眼下您把長安君的地位提得高高的，又是大塊封地，又是金銀珠寶，讓他在家裡養尊處優。您不趁現在讓他為趙國立功，一旦您百年之後，長安君憑什麼在趙國立足？我覺得，您為長安君的打算太不長遠了，只顧眼前吃好喝好。所以，我認為您疼愛他遠遠比不上疼愛燕后啊！」

太后一聽，繞一大圈原來在這等我！尋思了好半晌，終於想明白：「好吧！我知道老頭子你厲害，就讓他到齊國去接受鍛鍊吧。」說完，眼淚忍不住流了下來，算是同意了。有了趙太后的默許，觸龍把長安君送到齊國當人質，為趙國立功去了。

如果直接說去當人質，誰都不願意，這可是有被殺的風險，但是，經過層層鋪陳，當人質被認為是為國家立功、是去鍛鍊，回來後必被提拔到高位，大多數人可能就會接受了，誰不想自己更有前途？各位覺得觸龍的鋪陳妙不妙？

這個故事的說服層次，更適合我們運用在那些特別難纏的客戶，當對方一直持反對意見，具有很強的抵觸心理，其實就可以把銷售的概念換掉，從對對方不利的，轉為對對方有利的。但前提是要做好鋪陳，不要讓對方覺得你在惦記他的錢包。

換一個角度，假如你走在大街上，一個推銷員給你一張優惠券，你是真的覺得買他的東西會有大優惠，還是覺得「這是不是要騙我」？我想正常人都會認為「這又是什麼新推銷手法吧」，而直接把優惠券扔進垃圾桶裡。

我們都知道鋪陳的重要，但想誘導客戶買單，前期需要怎麼鋪？至少從三個方面做準備。

第一，了解客戶的基本資訊，判斷他有沒有消費能力，是不是真正的客戶，對方如果沒錢、買不起，耗費再多力氣也是白忙。為了避免無用功，我們需要先知道顧客的基本資訊：他對我們的哪類產品感興趣，住在哪個社區，開什麼車，什麼職業等。這些訊息能從側面反映對方有沒有足夠資金，了解顧客有沒有決定權。總之，最少要知道有沒有金錢、權力，以及對哪些產品感興趣。

第二，全程讓客戶有舒適感。人在快樂舒適的環境下，做決策也會比較積極，因為痛苦促使人改變，快樂使人維持。如果我們能讓對方全程感到愉快，他就不想改變這種狀態，反而會盡量滿足銷售人員提出的要求。所以，可以從穿著、態度、談吐、服務品質、環境等方面迎合對方，提升滿意度、舒適感，令客戶有好心情。

第三，了解客戶需求並放大，為壓單成交做好準備。

前面說過，客戶不一定會買銷售人員想賣的，但永遠會買他想買的。所以要在交談中，去了解對方的真正需求，想要什麼、渴望什麼、想成為什麼，這些資訊都是為了下一步制定一 個適合他的解決方案，從而引導成交。我們知道心急吃不了熱豆腐，春天播下種子，經過夏天的養護，秋天才能結出累累碩果，銷售也是同理。

我們提供五星級服務，讓客戶感覺舒適，和他攀談了解基本資訊，知道他有錢有權有需求，便可以根據需求激發他的購買欲。如此經過層層鋪陳，客戶心動了，我們再臨門一腳，提出一個對方無法拒絕的超優惠方案，便能水到渠成！

記住，任何時候都不要心急，先鋪陳，後成交！

10 萬用五步法，解決客戶異議與衝突

在商場上，難免遇到客戶抱怨、反對、質疑、投訴等負面情況，這在業界一般稱為「客戶異議」。

異議一般分為成交前異議和成交後異議。在成交前，當遇到客戶異議，甚至反對時，不要灰心，應該將之理解為即將進入成交階段的訊號。因為推銷東西最怕遇到悶葫蘆，不論你說什麼他只是聽，不發表任何意見，而提出異議，證明對方認真聽了你的介紹，並且對產品有興趣，所以才會根據需求提出意見。這時銷售員應該考慮怎麼調整自己的方案，並爭取到更大的機會。

成交之後如果有異議，說明客戶對產品或服務有不滿或疑問。對此，要先辨

別異議的真假和嚴重性再回饋，千萬不要馬上回應。有時候客戶只是純發泄，不一定需要你去處理，我們一笑而過即可。

有一次我去貴州某個煤礦場催收貨款，由於公司提供的產品出現一些小問題，礦長雖然同意付款，但流程上需要工程師簽名。當我見到技術工程師時，他表現得很不耐煩，說：「你們產品品質那麼差，叫人維修也沒有修好，如果是我採購，送我，我都不要，你們居然還敢要尾款？」遇到態度差的客戶該怎麼辦？和他辯論？那樣不就把問題弄複雜了嗎？

聰明的銷售人員不會無事生非、自找麻煩。我只是微微一笑遞給他一支菸說：「我們都是跑腿的，具體事情不清楚，你們礦長要我來找你，還請你理解。下次我把銷售人員給你帶來，你搧他幾個耳光解解氣。」說完，我把催款信函給了對方，這個工程師邊看邊發牢騷，但還是在上面簽了名。

在這個案例裡，工程師雖然憤慨、有情緒，但他在公司並沒有決策權，所以他的異議只是發發牢騷，沒必要去關心和解決他的情緒，只要說幾句話，給他一個臺階下就好。所以，並不是所有意見都需要我們處理，但是如果遇到客戶異議可能帶來一些不可控的後果時，就必須解決。

比如，客戶說：「你們產品價格太高了，假如降價到和某某廠商一樣，我就採購你們的產品！」遇到這類人，原則上先肯定他的想法，再向他表示我們開出的價格很合理，你可以這樣說：「張工，我很敬佩您想為公司節省每一分錢，這年頭像您這樣替公司考慮的人不多了。我們這款產品雖然還有降價空間，但說實在的，我們的產品如同汽車界裡的寶馬，某某公司的產品在汽車界如同福斯桑塔納，您讓寶馬車和桑塔納車一樣價格，這讓我很為難，別人如果能做到，一定是偷工減料或是事故車。關於價格問題，我到時候請示一下高層，但也不會降很多，算是我對您認真工作的一種敬仰。」

當客戶有意見時，其實不算一件壞事，我們不要反駁回去，而是要從原因去思考解方。客戶異議有時候是宣傳自己產品服務的機會，客戶說出來是一件好事，我們可以借助回答，進一步推廣宣傳，加深對方對我們的印象，為成交打下絕佳基礎。

既然無法避免這一個環節，那麼在出現異議時，有沒有簡單、容易操作、萬能的處理法？有，業界處理客戶異議一般採用五步法：

第一步，微笑傾聽。
第二步，讚美認同。
第三步，弄清問題。
第四步，提出解決方案。
第五步，建議行動。

在推銷的過程中，如果遇見難以解決的異議，我們需要精心建構話術，運用萬能五步法去化解，讓對方感受到我們的誠意，最終接受。

比如，我們去拜訪一個化學工廠的採購員，我們向他表明來意後，採購員說：「不好意思，你來晚了，我們已經有固定的合作供應商了。」這時，我們可以遵循萬能五步法，設計應對話術。

首先，微笑傾聽。當客戶剛開始抱怨時，就先微笑並進入一種熱情且負責的傾聽狀態。傾聽不僅僅是一種能力，更是一種修養。很多人無法給人留下良好印象，就是因為不會或不願意聽人說，所以當客戶一開口說話，就要立即啟動傾聽模式。

聽完之後，就進入第二步：讚美認同。

在認同客戶階段，我們可以說：「張工，我理解，像你們這樣的大公司，在業內聲名顯赫，一定有很多優秀廠商搶著和你們做生意。」在表達我們的認同之後，就啟用第三步：弄清問題。

其實，在這個異議裡面，客戶問題很簡單明瞭，就是他已經有供應商，所以不願意接受我們。既然這個問題很明確，我們就不需要再去確認，所以，這個步驟可以省略，直接進入第四步：提出解決方案。

你能這樣說：「張工，我這次專程來拜訪你，就是因為我們的產品和其他友商相比，也有自己的獨到之處，所以冒昧打擾你，期待能在你的供應商中報個名，你採購設備時也多一個選擇。」

在第四步說完時，我們可以沉默一會兒，看採購的回饋，如果他有其他的話要說，我們再依據他的內容給予回饋，如果客戶聽我們說完，沒立即反駁，便可以進入第五步：建議行動。

具體可以說：「張工，我們的產品還是很不錯的，有自己的獨到之處，比如在熱電領域，我們就做到中國市占率第一，還是期待張工能給我們一個機會，把門稍微開一點小縫，哪怕一次買一千元的貨也沒關係，讓我們有證明產品的機會，也可以看看我們會不會做人。」

這類話術，雖然是遇到複雜客戶異議時會採取的解決辦法，但是銷售人員也可以藉此積極向客戶傳遞出努力進取的正能量，即使當場沒有獲得對方肯定，也會留下好印象，為未來的合作奠定基礎。

在銷售過程中，遇到相對比較簡單的客戶異議時，同樣可以用萬能五步法輕鬆搞定。比如，你正在積極向客戶介紹產品性能多麼優良時，客戶突然插一句話：「我剛剛用手機搜尋了一下，發現網路上有不少人說你們公司的產品品質很差，不建議購買。」

聽到這類異議，銷售人員可以回：「哇，張工，你觀察得好敏銳，這都逃不過你的法眼。網路上確實有人在抨擊我們，其實這是我們公司的前業務，在公司賺了不少錢，後來把公司訂單轉到他自己開的公司去做，我們老闆知道後，就開除了他，並扣了他的獎金，結果呢，他就跑到網路上去罵，網路言論很難讓對方付出代價，這也沒辦法。不過流言止於智者，我建議張工不如這週六到我們工廠考察一下，看看我們工廠的實力，也確認一下真偽，你看週六上午我在哪個地方接你？」

這就是一個經典的異議處理萬能五步法應用，有認同、弄清問題、解決方案，也有建議行動，所以問題得以快速解決。

銷售是一個過程，如同我們的人生，在漫長的銷售生涯裡，我們都會遇到客戶異議，遇到對方故意設置的一些坎，但只要我們有堅持到底的決心，和相應的目標策略技巧，就一定會創造屬於自己的奇蹟！加油吧，銷售人！

國家圖書館出版品預行編目（CIP）資料

成交的細節：拿大單與丟大單，只差這一步，王牌業務的銷售聖經。／倪建偉著.
-- 初版. -- 臺北市：大是文化有限公司，2023.05
272 頁；14.8×21公分. --（Biz；455）
ISBN 978-626-7377-99-4（平裝）

1. CST: 銷售　2. CST: 社交禮儀　3. CST: 商務傳播

496.5　113000978

Biz 455

成交的細節

拿大單與丟大單，只差這一步，王牌業務的銷售聖經。

作　　者／倪建偉
責任編輯／林盈廷
副 主 編／蕭麗娟
副總編輯／顏惠君
總 編 輯／吳依瑋
發 行 人／徐仲秋
會計助理／李秀娟
會　　計／許鳳雪
版權主任／劉宗德
版權經理／郝麗珍
行銷企劃／徐千晴
業務專員／馬絮盈、留婉茹
行銷、業務與網路書店總監／林裕安
總 經 理／陳絜吾

出 版 者／大是文化有限公司
臺北市100衡陽路7號8樓
編輯部電話：（02）23757911
購書相關資訊請洽：（02）23757911　分機122
24小時讀者服務傳真：（02）23756999
讀者服務E-mail：dscsms28@gmail.com
郵政劃撥帳號：19983366　戶名：大是文化有限公司

法律顧問／永然聯合法律事務所
香港發行／豐達出版發行有限公司 Rich Publishing & Distribution Ltd
地址：香港柴灣永泰道70號柴灣工業城第2期1805室
Unit 1805, Ph. 2, Chai Wan Ind City, 70 Wing Tai Rd, Chai Wan, Hong Kong
電話：21726513　傳真：21724355
E-mail：cary@subseasy.com.hk

封面設計／林雯瑛
內頁排版／黃淑華
印　　刷／緯峰印刷股份有限公司

出版日期／2024年5月初版
定　　價／新臺幣390元
ISBN／978-626-7377-99-4
電子書ISBN／9786267377963（PDF）
9786267377970（EPUB）

Printed in Taiwan
（缺頁或裝訂錯誤的書，請寄回更換）